U0315697

本书由
北京科技大学教育发展基金会
魏寿昆科技教育基金
资助出版

北京科技大学教育发展基金会、魏寿昆科技教育基金资助出版

魏寿昆院士科技著作选编

冶金过程物理化学导论

魏寿昆　著

北　京

冶金工业出版社

2019

内 容 简 介

本书是魏寿昆院士关于冶金物理化学的讲授提纲，最初成稿于1984年。当时，魏寿昆院士应中国科学院徐采栋院士之邀赴贵州讲学，亲自整理、编写了关于冶金过程物理化学导论的提纲。这个提纲成为冶金过程物理化学学科进展中的宝贵资料，本书就是根据这个提纲整理、编纂而成的。

本书的主要内容包括：概论、自由能的计算、自由能的运用、多反应的平衡及计算机应用、热力学平衡稳定区图、微观动力学及宏观动力学、冶金过程动力学与冶金反应工程学，共七章。本书语言精练、内涵丰富，对基础理论概念和研究问题的方法具有导向作用。

本书可供冶金等相关专业高校师生、科研人员和生产技术人员参考。

图书在版编目（CIP）数据

冶金过程物理化学导论/魏寿昆著；曲英，张建良主编. —北京：冶金工业出版社，2015.4（2019.8重印）
ISBN 978-7-5024-6904-7

Ⅰ.①冶…　Ⅱ.①魏…　②曲…　③张…　Ⅲ.①冶金过程—物理化学　Ⅳ.①TF01

中国版本图书馆CIP数据核字（2015）第069408号

出 版 人　谭学余
地　　址　北京市东城区嵩祝院北巷39号　邮编　100009　电话　（010）64027926
网　　址　www.cnmip.com.cn　电子信箱　yjcbs@cnmip.com.cn
责任编辑　任静波　李　梅　李培禄　美术编辑　彭子赫
版式设计　孙跃红　责任校对　李　娜　责任印制　牛晓波
ISBN 978-7-5024-6904-7
冶金工业出版社出版发行；各地新华书店经销；北京虎彩文化传播有限公司印刷
2015年4月第1版，2019年8月第2次印刷
148mm×210mm；4.875印张；125千字；137页
25.00元
冶金工业出版社　投稿电话　（010）64027932　投稿信箱　tougao@cnmip.com.cn
冶金工业出版社营销中心　电话　（010）64044283　传真　（010）64027893
冶金工业出版社天猫旗舰店　yjgy.tmall.com
（本书如有印装质量问题，本社营销中心负责退换）

《魏寿昆院士科技著作选编》
编 纂 组

顾 问　张寿荣　殷瑞钰　徐匡迪
　　　　罗维东　徐金梧　张欣欣
组 长　姜　曦　张建良
副组长　曲　英　朱元凯
成 员　林　勤　魏文宁　张立峰
　　　　宋　波　张百年　耿小红
　　　　于成文　吕朝伟　王广伟

《冶金过程物理化学导论》
编 纂 组

主　编　曲　英　张建良

副主编　姜　曦　林　勤

编　委　朱元凯　魏文宁　王广伟

　　　　韩宏亮　刘　芳　吴世磊

序言一

　　近期冶金工业出版社在北京科技大学教育发展基金会和魏寿昆科技教育基金会全额资助下，将30年前魏先生应邀去贵州讲课的油印稿讲义，经北京科技大学张建良教授、曲英先生、林勤教授悉心整理，中国钢铁工业协会姜曦博士精心策划，编纂成《冶金过程物理化学导论》一书，成为《魏寿昆院士科技著作选编》之一付诸出版，并邀我作序。作为晚辈，惶恐万分，实不敢当此重任，但因素仰先生之学养深厚、高风亮节，毕生奉献于杏坛，培育出吾辈数代冶金工作者，作为60年前的学生理应把它作为再一次聆听先生传道、授业的机会，就先捧起书稿一页页地读了起来。通过这本朴实无华、简明扼要的教材，先生严谨的学术风范和讲课时声音洪亮、字字珠玑、循循善诱的音容仿佛又一次浮现在我的眼前。

回忆起 1954 年我刚入北京钢铁学院时，负责迎新工作的高年级同学就告诉我们，学冶金的一定要学好物理化学这门专业基础课，而且从他们的口中得知，受大家敬仰的教务长魏寿昆先生就是这方面的大师。等到二年级下学期学了物理化学课才知道，真正把冶金过程与物理化学联系起来，只有一百年左右的历史，它始于 1925 年英国法拉第学会（Faraday Society）召开的炼钢物理化学国际会议。稍后的 1932 年，德国申克（H. Schenck）编写的《钢铁冶金过程物理化学导论》出版（1934 年又出版了第二卷）。20 世纪四五十年代这方面研究工作的重心转移到美国，在麻省理工学院（MIT）奇普曼教授带领下集聚了庞大的博士生团队，可谓是群英荟萃，其中包括后来成为日本著名冶金学者的不破祐（Fuwa）和瑞典皇家工程学院（KTH）冶金系主任艾克托普教授（Sven Ektorp）等，他们为冶金过程的物理化学研究作出了重大的贡献。例如，通过实验室的平衡试验测得了 1600℃、1 个大气压下碳氧平衡时钢中的"碳氧积"，还对不同脱氧剂（Si、Mn、Al、Ti 等）的脱氧常数进行了测定，并进而提出金属溶液中元素的活度及其相互作用系数。这些成就直到今天都是冶金过程热力学的经典。而冶金过程的反应速度与限制性环节的研究则要到 20 世纪 50 年代后期才渐成研究的重点，到了 70 年代冶金过程动力学的研究，开始从经典的化学反应动力学中分子的扩散传质、反应速度的质量作用定律等"微观"动力学，转向联系冶金实际，进入到在特定的冶金反应容器（转炉、钢包等各种精炼设备）中高温熔体（渣、钢）的热量、动量、质量传递，并导入"化学反应工程学"的概念，把这类"中观"的冶金动力学称之为"冶金反应工程学"，并以此作为冶金过程反应数学模型和冶金反应容器设计的基本判据和"中间体"。

可以毫不夸张地说，是物理化学在冶金过程的应用，或者准确说是冶金工艺因为有了物理化学的理性指导，才从古老的技艺蜕变成一门工程科学。从此冶金不再是师徒相承、口手传授的秘笈和手艺，而是可预测、可控制、可复制的、稳定的、有理论基础的工程科技。在信息化与工业化互相融合，传统制造业走向智能制造的今天，这一点尤其重要。可以说，没有冶金过程物理化学的指导，就不可能实现冶金过程的自动化和智能化。

魏寿昆先生被日本不破祐教授称为"中国冶金物理化学的泰斗级人物",在学术上十分严谨,以至于在20世纪80年代初中日钢铁学术交流的日方教授都有点"怕"他提问。同时魏先生的治学严谨和俭朴生活却不乏情趣,记得在50年代北京钢铁学院西饭厅的周末舞会上,总能看到先生穿着洗得褪色但熨烫笔挺的中山装,和师母庄重而默契地翩翩起舞。通常是自舞会开始一直跳到结束,曾被当时的师生誉为"钢院一景"。而在周一到周五的晚上,背着书包去教室楼上自习的同学,则都会看到他夹着笔记本去图书馆翻阅国内外资料时那步履矫健的身影。

这本纪念性的专著原本是想在魏寿昆先生108岁生日前出版,作为学生们的寿礼,但先生却于107岁驾鹤西去,没能如愿,使人扼腕。斯人已逝,风范永存。先生的学养与品德永远激励吾辈后侪,做一个像他那样热爱祖国、勤奋治学、严谨求实的中国知识分子。

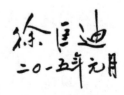

徐匡迪
二〇一五年元月

序 言 二

　　魏寿昆院士是我们高山仰止的著名冶金学家，中国科学院资深院士。他是中国冶金科学界的一代宗师、学界泰斗，桃李满天下。我有幸于1956年作为一名大学三年级的学生，听过魏先生一学期授课，当时的情景至今仍历历在目。先生严谨的学风、缜密的思路、理论联系实际的风格以及略带天津口音的朗朗之声，各种动人的画面，至今仍记忆犹新。

　　近日，收到先生所著《冶金过程物理化学导论》样稿，这是《魏寿昆院士科技著作选编》之一，是20世纪80年代魏先生应徐采栋院士之邀赴贵州的授课提纲，出版此书具有纪念意义。蒙北京科技大学教育发展基金会之厚爱，要求我代为作序。对于我来讲，真是诚惶诚恐，同时又有些矛盾的心理：一方面，我只是受教于先生门下的学生之一，焉能有此资格!? 另一方面，先生今年已是 107 岁高龄，是全国健康在世年龄最长的院士，出版先生的科技著作选编是业界、学界共同之愿望，找些人写些认识也是必要的，因此斗胆尝试讲些体会和感言。

该书取名为《冶金过程物理化学导论》，既有学术价值，又具高级科普的意义，其中引导、指导、导向的意味很重，包括了概念引导，基础理论认知的引导，基本方法的指导，特别是研究问题、思考问题的导向。

我感到作为冶金科技的从业者，应该特别重视学习和体会本书概论的内容。先生以 6 页笔墨撰写了概论，研读之余，我们可以体会到他老人家宽阔的视野，渊博的学识领域，高度睿智的概括能力，颇具大家风范。在概论中，先生从冶金流程开始导入，到冶金过程（物理过程、化学过程），再到冶金过程物理化学，概念清晰、层次分明、循循善诱，引人入胜。概论介绍了自 1925 年英国法拉第学会（Faraday Society）召开炼钢物理化学国际会议开始，冶金物理化学的发展进程以及一些重要的人物，具有厚重的历史感和知识积淀、理论构建的轨迹，并启发人们如何认识和思考学科的发展进程和方向。今天读来仍有裨益，且引人深思。

先生在该书中强调："冶金过程物理化学对促进冶金工业发展、提高冶金产品质量、增加冶金产品品种、发展冶金新技术及探索冶金新流程等方面多年来起着重要的作用"，可见先生特别强调理论联系实际的风格，同时又贯穿了从宏观到微观和从微观到宏观的哲思。

本书作为《导论》，其中 2~6 各章的特点是讲义性的，讲述了各类自由能的计算、自由能的运用、多反应的平衡及计算机应用、热力学平衡稳定区图、微观动力学和宏观动力学。内容极为精炼，简要的理论概述之后，通过应用实例的计算进行讲述，其中渗透着方法与应用的对象。这种言简意赅而又内涵丰富、提纲挈领的阐述方法，堪称精要，此乃知识渊博、学养深厚之学术大师的凝练之作。

本书第 7 章讨论冶金过程动力学与冶金反应工程学，提出了重要的概念和观点。特别强调冶金过程动力学和冶金反应工程学两者的概念不能混淆；指出冶金过程动力学是一门带有理科性质的应用基础科学，冶金反应工程学则属于工科范畴的工程科学，它必须联系生产实际，注重经济效益；教导我们必须具有生产观点及经济观点；告诫我们，无目的的、空想不联系实际而又难以验证的数学模型是劳而无功的。

通观全书，足见先生知识渊博、学养深厚，切入问题之精当，解决问题之简约，既有学者之识，又有哲人之思。记得在 1994 年中国工程院成立之初，清华大学张光斗院士曾对我讲："你的老师魏寿昆先生是北洋大学第一才子，他在北洋大学期间各门考试成绩平均分数在 94 分以上，没人能超过这个纪录"。我为有机会受教于魏先生门下而庆幸、自豪。今读此书，进一步感受到魏先生学识和品格的过人之处。

仁者寿，祝愿先生如兰之馨悠长，百岁高龄康泰。

殷瑞钰

2013 年 12 月 20 日于北京

目 录

1 概　论

首先介绍一些有关冶金过程物理化学的基本概念与发展。

（1）冶金流程。任何提炼冶金的流程包括两部分：

1）冶金物料，包括原料、产品、半产品及废品；

2）冶金过程，包括物理过程及化学过程。

硫化铜矿提炼流程图见图 1-1。

（2）冶金过程。冶金的物理过程主要是由物质相的转变，物质的转移、输运和分离所造成，这些过程可称作单元操作（unit operation）。冶金的化学过程都伴有化学反应发生，因此可以称为冶金的化学反应过程或简称为单元过程（unit process）。

1）物理过程：包括蒸发、蒸馏、升华、凝聚、熔化、凝固、结晶、熔析（liquation）、溶解、过滤、吸附、去气、溶剂萃取、物质扩散、流体输运以及选矿过程中的破碎、细磨、筛分、重力分选、磁选、浮选、电场分选等。

2）化学过程：包括燃烧、煅烧（calcination）、焙烧、烧结、氯化、造锍熔炼、造渣、还原熔炼、氧化吹炼、氧化精炼、浸取、离子交换、沉淀、电解等。炼钢精炼的四脱，即脱硫、脱磷、脱氧以及脱碳都是化学过程。这些反应绝大部分是氧化还原反应，另有合成、分解以及置换反应。

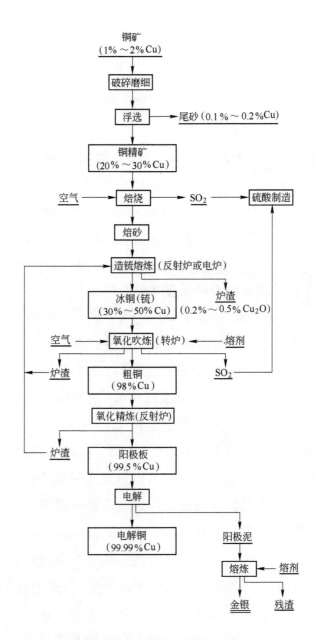

图 1-1　硫化铜矿提炼流程图

一般来讲，冶金过程是极其复杂的多相反应，含有气-液-固三态，而其中液、固态经常以两个或多个的相出现。气相包括如 O_2、H_2、N_2、Cl_2、H_2O、CO、CO_2、SO_2、SO_3、S_2，碳氢化合物气体，HCl 及 H_2SO_4 的蒸气和各种金属以及其化合物的蒸气或混合气体。液相包括金属液、熔渣、熔盐、熔锍（冰铜、冰镍、冰钴及黄渣）、水溶液及有机液等。高温存在的金属液、熔渣、熔盐以及熔锍又统称为冶金熔体。固相包括矿石（或精矿及其烧结块或球团）、熔剂、固体燃料、耐火材料、固体金属合金及金属化合物等。这些多相体相互组合，造成错综复杂的冶金过程。

（3）冶金过程物理化学。应用物理化学原理和方法研究冶金过程的学科，分三部分：

1）冶金过程热力学：研究冶金过程中的化学反应的两方面问题：①反应能否进行，即反应的可行性或方向性；②反应产物得到最大收得率（转化率）的热力学条件（平衡条件）。

2）冶金过程动力学：研究冶金过程进行的速度及限制速度的环节，分析提高反应速度及缩短反应时间的途径。由于反应在冶金反应设备（各种冶金炉）中经常受物体流动、热量传递及物质扩散等因素的影响，冶金过程动力学是在伴有三传（传质、传热及动量传递）现象下研究反应过程的速度和机理。

3）冶金熔体：研究金属液、熔盐、熔渣及熔锍（包括砷、锑化合物的黄渣）等体系的性质、相图及结构，以及熔渣与金属液，熔盐与金属液，或熔渣与熔锍间的相互作用。属于物理性质的有表面（或界面）张力、黏度、密度、蒸气压和金属杂质或气体在熔体中的溶解度等；属于电化学性质的有电导率、迁移数及电动势等；属于热力学性质的有焓、热容、熵及活度等；属于动力学及传递性质的有扩散系数、传质系数、传热系数及热导率等。熔体随组成的不同而有不同的结构，研究结构模型可以预测其各种性质。

（4）冶金过程物理化学的发展、评价及展望。物理化学应用于冶金首先自炼钢工艺开始。1925 年英国法拉第学会（Faraday Society）召开炼钢物理化学国际会议，引起全世界冶金工作者的重视。1926 年美国矿业局组织成立炼钢物理化学小组，由 C. H. Herty 领导，在平炉进行系统的炼钢实验研究（该研究工作于 1957 年由美国矿冶工程师汇编为《钢的脱氧——纪念 Herty 论文集》）。1932 ～ 1934 年德国申克（H. Schenck）编写的《钢铁冶金过程物理化学导论》（第一卷 1932 年出版，第二卷 1934 年出版）是第一本钢铁冶金过程物理化学名著，先后被译成英文、俄文、意文等文字。美国奇普曼（J. Chipman）的早期代表作，如《1600℃的化学》（Trans. ASM Vol. 30（1942），817）和《金属溶液中的活度》（Discussion Faraday Soc. No. 4（1948），23）进一步奠定了冶金过程物理化学学科基础。申克、奇普曼及其同事多年的系统研究工作，以及 20 世纪 40 年代以后国际冶金过程物理化学学术会议的定期召开，对本学科的发展起到了促进和推动作用。本学科研究范围自炼钢开始，进而扩展到炼铁、有色以及稀有金属冶金、真空冶金及半导体冶金等。

　　早期的冶金学者研究冶金过程多从质量作用定律出发。由于高温熔体不是理想溶液，它的各种组分不服从质量作用定律，在阐明反应时，当时多采用经验公式，对熔渣则采用各组分的"自由"状态的量或者假定熔渣中存在有若干化合物。20 世纪 30 年代中期开始使用"活度"代替浓度以进行有溶液参加反应的热力学计算。50~60 年代期间，活度在冶金过程物理化学中成为最活跃的研究课题之一。由于冶金过程是多相反应，在过程进行中不可避免地要产生新相，例如铁矿石还原过程中金属铁相的生成，炼钢过程中 CO 气泡的生成以及炼钢过程中非金属夹杂物的生成等。20 年代创立的新相成核理论在第二次世界大战后被广泛地引入到冶金物理化学领域。战后，化学动力学结合传质、传热以及动量传递等现象扩展为宏观动力学，加深了冶金过程动力学的研究。随着计算机在各种学科及工业的广泛应用，50 年代中期开始形成了化学反应工程学，对于某些有机合成反应通过计算机数学模拟基本上可以不经过中间工厂的试验阶段即可对反应器进行设计，并能从事最优化的操作控制。冶金反应多属于高温多相反应，其复杂性远远大于一般的化学反应。冶金反应动力学如何向"冶金反应工程学"发展，尚有待今后进一步研究。

　　冶金过程物理化学对促进冶金工业发展、提高冶金产品质量、增加冶金产品品种、发展冶金新技术及探索冶金新流程等方面多年来起着重要的作用，下列两例以说明：

　　在 20 世纪 40 年代以前，18-8 不锈钢冶炼采用的"配料熔化法"只能使用低碳原料，而不能重熔不锈钢返回料。一系列的 Cr-C 氧化平衡的研究工作指出，必须提高熔池温度方能去 C 保 Cr，从而能采用不锈钢返回料。此热力学的理论分析奠定了 40 年代中期"返回吹氧法"以氧气吹炼不锈钢的理论基础，但此法仍然受到了必须采用相当量低碳铬铁的限制。60 年代后期，利用真空冶金原理发明的"氩氧混吹法"（AOD 法）被誉为不锈钢冶炼史上的新纪元，可采用任何高碳含铬原料而能冶炼出超低碳不锈钢，既提高了产品质量，又降低了冶炼成本。这充分说明冶金过程物理化学促进了不锈钢冶炼的发展。加入稀土元素或钙、锆等金属对钢液进行脱硫，得到压延后不变形的球状硫化物，克服了在压延时硫化锰夹杂物变形所引起的冲击韧性异向性的缺点，这样获得高质量、高要求的低温用石油钢管，其性能大大地改善。此发明被誉为 1974 年钢铁冶金理论研究领域三大成果之一。70 年代以来，闪烁熔炼、喷射冶金、二次精炼等新技术的发展，都是与冶金过程物理化学长期的研究工作分不开的。提取冶金学从技艺逐步发展为应用科学，其中冶金过程物理化学的研究起到了决定性的重要作用。

② 自由能的计算

本书所用的自由能指的是恒温、恒压条件下的吉布斯自由能，即自由焓，其定义为：

$$G = H - TS$$

式中，G 为自由能；H 为焓；S 为熵；T 为绝对温度。

我国化学工作者最近规定，恒温恒压条件下的吉布斯自由能称为自由焓，这是欧洲大陆（德国、法国等）习惯的用法。但是英国、美国、加拿大、日本、印度等国的冶金书籍及期刊都称恒温恒压的吉布斯自由能为自由能。本书采用后一种用法。

2.1 化学反应的自由能

利用化学反应等温方程式，可求出任何实际条件下的化学反应自由能：

$$\Delta G = \Delta G^\ominus + RT\ln J \tag{2-1}$$

$$\Delta G^\ominus = \sum_i \nu_i \cdot \Delta_f G_i^\ominus \tag{2-2}$$

$$J = \prod_i p_i^{\nu_i} \text{（适用于气体）} \tag{2-3}$$

$$J = \prod_i a_i^{\nu_i} \text{（适用于凝聚态）} \tag{2-4}$$

式中　ν_i——化学反应式中各种物质 i 的系数，规定右边产物的 ν_i 为正号，左边反应物的 ν_i 为负号；

　　$\Delta_f G_i^{\ominus}$——各种物质 i 的标准生成自由能或标准溶解自由能；

　　J——实际状态中各种物质 i 的分压力积（对气体而言）或活度积（对凝聚态的溶液而言）；

　　p_i——各种物质的分压力；

　　a_i——各种物质的活度。

例：求 $\dfrac{2}{3}[V] + CO = \dfrac{1}{3}(V_2O_3) + [C]$ 的 ΔG。

解：$\Delta G = \Delta G^{\ominus} + RT\ln \dfrac{\gamma_{V_2O_3}^{1/3} N_{V_2O_3}^{1/3} f_C [\%C]}{f_V^{2/3} [\%V]^{2/3} p_{CO}}$

该反应的 $\Delta G^{\ominus}$ 和下列反应的 $\Delta G^{\ominus}$ 相同：

$$\frac{2}{3}[V] + CO = \frac{1}{3}V_2O_3(s) + [C]$$

$$\Delta G_1^{\ominus}\qquad \Delta G_2^{\ominus}\qquad \Delta G_3^{\ominus}\qquad\qquad \Delta G_4^{\ominus}$$

从数据表查出：

$\Delta G_1^{\ominus} = -4950 - 10.90T$（重量 1% 溶液标准态）

$\Delta G_2^{\ominus} = -28200 - 20.16T$

$\Delta G_3^{\ominus} = -287000 + 54.00T$

$\Delta G_4^{\ominus} = 5400 - 10.10T$（重量 1% 溶液标准态）

$$\Delta G^{\ominus} = \frac{1}{3}\Delta G_3^{\ominus} + \Delta G_4^{\ominus} - \frac{2}{3}\Delta G_1^{\ominus} - \Delta G_2^{\ominus} \tag{2-5}$$

$$= -58770 + 35.33T(\text{cal/mol})$$

$$= -245894 + 147.82T(\text{J/mol})\ ❶$$

根据各种物质的实际浓度、活度系数及气态物质的压力，由式（2-5）可求出该反应的 ΔG。

关于化学反应的标准自由能 $\Delta G^{\ominus}$，介绍以下四种计算方法：

（1）利用盖斯定律的式（2-2），见上例；

（2）从平衡常数 K 求 $\Delta G^{\ominus}$。

任何一个化学反应都有一个 $\Delta G^{\ominus}$ 和 T 的关系式。在一定温度下，此反应的 $\Delta G^{\ominus}$ 有一定值。这个一定值有两种意义：

1）该值反映该反应在特定条件下（即标准状态条件下，例如纯物质或 1% 浓度的溶液，对气体则是一个大气压（101325Pa））能否进行的趋势，也就是说，该值是判定在标准条件下该反应进行的方向的依据。

2）该值和该反应在该温度达到平衡时的平衡常数 K 有联系，即 $\Delta G^{\ominus} = -RT\ln K$，也即通过该 $\Delta G^{\ominus}$ 的数值可计算该反应在该温度的平衡常数。

第一种情况该化学反应是不平衡的，而第二种情况则该反应是处于平衡状态。

这样便提供一个利用在几个温度测定出的某反应平衡常数 K，求该反应的 $\Delta G^{\ominus}$ 与 T 的关系式的方法。

例如，对布氏反应（Boudouard reaction）

$$C(s) + CO_2 \Longrightarrow 2CO$$

---

❶本讲授提纲用的自由能单位为 cal，为避免误差，只把计算结果数值换算为 J，附注于原计算结果之后。其余数据均按原用单位刊印。

可在不同温度下测定其平衡常数，结果如下：

700℃（973K）： $K = 0.8445$

800℃（1073K）： $K = 6.04$

900℃（1173K）： $K = 30.9$

我们知道，$\lg K$ 和 $1/T$ 有下列直线关系：

$$\lg K = \frac{A}{T} + B$$

式中，A 和 B 是两个待求的常数。

将有关数据代入，得到：

$$-0.0734 = \frac{A}{973} + B \qquad (2\text{-}6)$$

$$0.781 = \frac{A}{1073} + B \qquad (2\text{-}7)$$

$$1.49 = \frac{A}{1173} + B \qquad (2\text{-}8)$$

简化后得到：

$$-71.4 = A + 973B \qquad (2\text{-}9)$$

$$837 = A + 1073B \qquad (2\text{-}10)$$

$$1750 = A + 1173B \qquad (2\text{-}11)$$

由公式（2-9）和公式（2-10）得：

$$100B = 908$$

$$B = 9.08$$

$$A = -8906$$

由公式（2-10）和公式（2-11）得：

$$100B = 913$$

$$B = 9.13$$

$$A = -8959$$

计算平均值，得：

$$A = -8932$$

$$B = 9.10$$

$$\lg K = -\frac{8932}{T} + 9.10 \tag{2-12}$$

$$\Delta G^{\ominus} = -4.575 T\left(\frac{-8932}{T} + 9.10\right)$$

$$= 40860 - 41.63 T(\text{cal/mol})$$

$$= 170958 - 174.18 T(\text{J/mol})$$

如果测定的数据较多，可利用回归分析的方法求出 $\lg K$ 和 $1/T$ 的关系式，再求 $\Delta G^{\ominus}$ 和 T 的关系式，其结果将更加准确。

（3）从电动势求 $\Delta G^{\ominus}$。根据热力学推导：

$$-nEF = \Delta G \tag{2-13}$$

式中　n——该电池反应传递的电子数目；

　　　E——产生的电动势，V；

　　　F——法拉第常数，即 23060cal/V。

用稳定 ZrO_2 作固体电解质组成下列结构的电池：

$$(-)Pt \mid Mo, MoO_2 \parallel ZrO_2 \cdot CaO \parallel Fe, Fe_xO \mid Pt(+)$$

在 ZrO_2 片的右方，下列反应发生：

$$2Fe_xO \longrightarrow 2x Fe + O_2 \tag{2-14}$$

$$O_2 + 4e \longrightarrow 2O^{2-} \qquad (2\text{-}15)$$

由于铂极放出 4e，Pt 本身带有正电，生成 O^{2-} 通过 ZrO_2 电解质达到 ZrO_2 片的左方。

在 ZrO_2 片的左方，下列反应发生：

$$2O^{2-} - 4e \longrightarrow O_2 \qquad (2\text{-}16)$$

$$O_2 + Mo \longrightarrow MoO_2 \qquad (2\text{-}17)$$

O^{2-} 放出的 4e 由左方的铂极吸收，因而它带有负电。

将上列 4 个反应相加，得出电池总反应为：

$$2Fe_xO(s) + Mo(s) = MoO_2(s) + 2xFe(s) \qquad (2\text{-}18)$$

参加反应的物质都是固态纯物质，所以：

$$\Delta G = \Delta G^{\ominus}$$

$$\Delta G^{\ominus} = \Delta_f G^{\ominus}_{MoO_2} - \Delta_f G^{\ominus}_{Fe_xO} \qquad (2\text{-}19)$$

也即是：

$$-4EF = \Delta_f G^{\ominus}_{MoO_2} - \Delta_f G^{\ominus}_{Fe_xO} \qquad (2\text{-}20)$$

如果已知 Fe_xO 的标准生成自由能 $\Delta_f G^{\ominus}_{Fe_xO}$，则可以用上式求出 MoO_2 的标准生成自由能 $\Delta_f G^{\ominus}_{MoO_2}$。

由于参比电极 Fe，Fe_xO 极易氧化，该电极应在 He 气或 Ar 气下进行保护。

Fe_xO 的生成自由能为：

$$xFe(s) + \frac{1}{2}O_2 = Fe_xO \qquad (2\text{-}21)$$

$$\Delta G^{\ominus} = -63200 + 15.60T(cal/mol) \qquad (2\text{-}22)$$

电池测定记录及计算结果如表 2-1 所示。

表2-1 测定的 MoO_2 的 $\Delta_f G^\ominus$

温度/℃	电动势/mV	$\Delta_f G^\ominus_{MoO_2}$/cal·mol^{-1}
750	22.1 ± 0.6	−96500
800	17.8 ± 0.4	−94600
850	13.2 ± 0.5	−92600
900	8.8 ± 0.3	−90600
950	3.8 ± 0.3	−88600
1000	−1.3 ± 0.1	−86600
1050	−6.9 ± 0.5	−84500

利用回归分析方法求出 MoO_2 的 $\Delta G^\ominus$ 和 T 的关系式为:

$$Mo(s) + O_2 \Longrightarrow MoO_2(s) \tag{2-23}$$

$$\Delta G^\ominus = -137500 + 40.0T(cal/mol) \tag{2-24}$$

$$= -575300 + 167.36T(J/mol)$$

适用的温度范围是 750~1050℃。

(4)从自由能函数(Gef)求 $\Delta G^\ominus$。通过统计热力学的推导和从大量光谱及电子衍射数据的测定,人们对气态物质的 $\dfrac{H^\ominus - H_0^\ominus}{T}$ 及 $S^\ominus$ 的数值可以进行计算。$\dfrac{H^\ominus - H_0^\ominus}{T}$ 称为"焓函数"。

由于

$$G^\ominus = H^\ominus - TS^\ominus$$

$$G^\ominus - H_0^\ominus = H^\ominus - H_0^\ominus - TS^\ominus$$

所以 $\qquad \dfrac{G^\ominus - H_0^\ominus}{T} = \dfrac{H^\ominus - H_0^\ominus}{T} - S^\ominus \tag{2-25}$

因此，气态物质的 $\dfrac{G^{\ominus} - H_0^{\ominus}}{T}$ 值也可以计算。$\dfrac{G^{\ominus} - H_0^{\ominus}}{T}$ 称为"自由能函数"，用 Gef 表示。文献资料中可以找到许多气态物质（原子或分子）的自由能函数。

对凝聚态物质，通过热容的计算，人们可以求出许多以 298K 为基准温度的自由能函数 $\dfrac{G^{\ominus} - H_{298}^{\ominus}}{T}$，列成表格以供查用。

计算一个化学反应的 $\Delta G^{\ominus}$，其步骤如下：

1）查出产物及反应物的自由能函数值，求 ΔGef；

因为热力学函数具有加和性，ΔGef 可利用代数和计算，亦即：

$$\Delta Gef = \sum_i \nu_i Gef$$

2）当 $Gef = \dfrac{G^{\ominus} - H_0^{\ominus}}{T}$ 时，求出 $\Delta H_0^{\ominus}$；

3）当 $Gef = \dfrac{G^{\ominus} - H_{298}^{\ominus}}{T}$ 时，求出 $\Delta H_{298}^{\ominus}$；

4）由于 $\Delta Gef = \Delta\left(\dfrac{G^{\ominus} - H_0^{\ominus}}{T}\right) = \dfrac{\Delta G^{\ominus}}{T} - \dfrac{\Delta H_0^{\ominus}}{T}$，

可以得出：$\dfrac{\Delta G^{\ominus}}{T} = \dfrac{\Delta H_0^{\ominus}}{T} + \Delta\left(\dfrac{G^{\ominus} - H_0^{\ominus}}{T}\right)$ （2-26）

同样可以证明：

$$\dfrac{\Delta G^{\ominus}}{T} = \dfrac{\Delta H_{298}^{\ominus}}{T} + \Delta\left(\dfrac{G^{\ominus} - H_{298}^{\ominus}}{T}\right) \tag{2-27}$$

根据式（2-26）或式（2-27）即可求出 $\Delta G^{\ominus}$。

例：已知数据见表 2-2，求 C + CO$_2$ =2CO 在 1000K 的 $\Delta G^{\ominus}$。

表 2-2 自由能函数给定数值

物 质	$\dfrac{G^{\ominus} - H_0^{\ominus}}{T}$ / cal · (K · mol)$^{-1}$ (1000K)	$\Delta H_0^{\ominus}$ / cal · mol^{-1}
C(s)	-2.77	0
CO	-48.86	-27180
CO$_2$	-54.11	-93950

解：$\Delta Gef = 2(-48.86) - (-2.77 - 54.11) = -40.84$

$$A + B = C$$

$$G_1^{\ominus} \quad G_2^{\ominus} \quad G_3^{\ominus}$$

$$\Delta G^{\ominus} = G_3^{\ominus} - G_2^{\ominus} - G_1^{\ominus}$$

$$\Delta H_0^{\ominus} = H_3^{\ominus} - H_2^{\ominus} - H_1^{\ominus}$$

$$\Delta G^{\ominus} - \Delta H_0^{\ominus} = (G_3^{\ominus} - H_3^{\ominus}) - (G_2^{\ominus} - H_2^{\ominus}) - (G_1^{\ominus} - H_1^{\ominus})$$

$$= \Delta(G^{\ominus} - H_0^{\ominus})$$

$$\Delta H_0^{\ominus} = 2(-27180) - (0 - 93950) = 39590$$

$$\frac{\Delta G^{\ominus}}{T} = \Delta Gef + \frac{\Delta H_0^{\ominus}}{T}$$

$$= -40.84 + \frac{39590}{1000} = -1.25$$

求得 1000K 时的结果：$\Delta G^{\ominus} = -1250\text{cal} = -5230\text{J}$。

例：已知数据如表 2-3 所示，求 SiC(s) +2O$_2$ =SiO$_2$(1) +

CO_2 在 2000K 的 $\Delta G^{\ominus}$。

表 2-3　自由能函数的已知值

物　质	$\dfrac{G^{\ominus} - H_{298}^{\ominus}}{T}\bigg/ \text{cal} \cdot (\text{K} \cdot \text{mol})^{-1}$ (2000K)	$\Delta H_{298}^{\ominus}/\text{cal} \cdot \text{mol}^{-1}$
SiC(s)	-14.0	-26700
O_2	-57.14	0
$SiO_2(1)$	-26.0	-209900
CO_2	-62.97	-94050

解：

$$\Delta Gef = (-26.0 - 62.97) - (-14 - 2 \times 57.14) = 39.31$$

$$\Delta H_{298}^{\ominus} = (-209900 - 94050) - (-26700) = -277250$$

$$\frac{\Delta G^{\ominus}}{T} = \Delta\left(\frac{G^{\ominus} - H_{298}^{\ominus}}{T}\right) + \frac{\Delta H_{298}^{\ominus}}{T}$$

所以

$$\frac{\Delta G^{\ominus}}{T} = 39.31 - \frac{277250}{2000} = -99.31$$

求得结果：$\Delta G^{\ominus} = -198620\text{cal} = -831026\text{J}$。

需要指出的是：当表内未给出 $\Delta H_0^{\ominus}$ 时，则可以由 $\Delta H_{298}^{\ominus}$ 与 $\Delta(H_{298}^{\ominus} - H_0^{\ominus})$ 之差求出 $\Delta H_0^{\ominus}$，亦即：

$$\Delta H_0^{\ominus} = \Delta H_{298}^{\ominus} - \Delta(H_{298}^{\ominus} - H_0^{\ominus})$$

欲求化学反应的 $\Delta G^{\ominus}$ 与 T 之间关系式，则可以计算几个温度的 $\Delta G^{\ominus}$，再用回归分析方法求该关系式。

2.2 物质的标准生成自由能 $\Delta_f G^{\ominus}$

任何温度下稳定的单质元素的 $\Delta_f G^{\ominus}$ 等于零。化合物的标准生成自由能可以有下列的求法：

（1）用定积分法求 $\Delta_f G^{\ominus}$。定积分法须知下列数据：

1）化合物的 $\Delta H_{298}^{\ominus}$；

2）反应物（即在25℃稳定的单质元素）及产物（即该化合物）的绝对熵 $S_{298}^{\ominus}$；

3）反应物及产物的热容 C_p。

根据基尔霍夫公式：

$$\frac{\mathrm{d}(\Delta H)}{\mathrm{d}T} = \Delta C_p$$

$$\Delta H_T^{\ominus} = \Delta H_{298}^{\ominus} + \int_{298}^{T} \Delta C_p \mathrm{d}T \tag{2-28}$$

同样可以导出：

$$\Delta S_T^{\ominus} = \Delta S_{298}^{\ominus} + \int_{298}^{T} \frac{\Delta C_p \mathrm{d}T}{T} \tag{2-29}$$

所以 $\quad \Delta G_T^{\ominus} = \Delta H_{298}^{\ominus} - T\Delta S_{298}^{\ominus} +$

$$\int_{298}^{T} \Delta C_p \mathrm{d}T - T\int_{298}^{T} \frac{\Delta C_p \mathrm{d}T}{T} \tag{2-30}$$

式（2-30）中：

$$\Delta S_{298}^{\ominus} = \Sigma \left(S_{298}^{\ominus}\right)_{产物} - \Sigma \left(S_{298}^{\ominus}\right)_{反应物} \tag{2-31}$$

由于 $\quad C_p = a + bT + cT^2 + c'T^{-2}$

则 $\quad \Delta C_p = \Delta a + \Delta bT + \Delta cT^2 + \Delta c'T^{-2} \tag{2-32}$

用式 (2-31) 及式 (2-32) 计算 $\Delta S_{298}^{\ominus}$ 和 ΔC_p 时应该注意反应方程中的系数。

式 (2-31) 可归纳写成:

$$\Delta S_i^{\ominus} = \sum_i \nu_i S_i^{\ominus} \qquad (2\text{-}33)$$

而 C_p 的温度系数 a 可归纳写为:

$$\Delta a_i = \sum_i \nu_i a_i \qquad (2\text{-}34)$$

其他系数 b、c、c' 均可类推。一般来讲,C_p 的温度系数只用前两项 a 及 b 即足够达到误差范围内的准确度。

将式 (2-32) 代入式 (2-30) 积分后即可得到 $\Delta G_T^{\ominus}$ 对 T 的关系式,但由于 ΔC_p 必须在式 (2-30) 内代入两次,因此积分时较麻烦,文献内多采用分步积分,将式 (2-30) 改写成式 (2-35) 或式 (2-36):

$$\Delta G_T^{\ominus} = \Delta H_{298}^{\ominus} - T\Delta S_{298}^{\ominus} - \int_{298}^{T} dT \int_{298}^{T} \frac{\Delta C_p dT}{T} \qquad (2\text{-}35)$$

$$\Delta G_T^{\ominus} = \Delta H_{298}^{\ominus} - T\Delta S_{298}^{\ominus} - T\int_{298}^{T} \frac{dT}{T^2} \int_{298}^{T} \Delta C_p dT \qquad (2\text{-}36)$$

无论采用式 (2-30),还是采用式 (2-35),或采用式 (2-36),积分后都得到同一式 (2-37)。

$$\Delta G_T^{\ominus} = \Delta H_{298}^{\ominus} - T\Delta S_{298}^{\ominus} - T(\Delta a M_0 +$$
$$\Delta b M_1 + \Delta c M_2 + \Delta c' M_{-2}) \qquad (2\text{-}37)$$

式 (2-37) 中:

$$M_0 = \ln \frac{T}{298} + \frac{298}{T} - 1$$

$$M_n = \frac{T^n}{n(n+1)} + \frac{298^{n+1}}{T(n+1)} - \frac{298^n}{n}$$

也即：
$$M_1 = \frac{1}{2T}(T - 298)^2$$

$$M_2 = \frac{1}{6}\left(T^2 + \frac{2 \times 298^3}{T} - 3 \times 298^2\right)$$

$$M_{-2} = \frac{(T - 298)^2}{2 \times (298T)^2}$$

式（2-37）称为焦姆金-施瓦尔茨曼公式。M_0、M_1、M_2 以及 M_{-2} 在各温度的数值可以从表内查出（卡拉别捷杨茨《化学热力学》下册，第 223 页，表 29，高等教育出版社，1957）。

例：求 $Fe_\alpha + \frac{1}{2}O_2 = FeO(s)$ 的 $\Delta G_T^{\ominus}$，已知的数据见表 2-4。

表 2-4　焓、熵和热容的已知值

物质	$\Delta H_{298}^{\ominus}$ /cal·mol^{-1}	$S_{298}^{\ominus}$ /cal·(K·mol)$^{-1}$	$C_p = a + bT + c'T^{-2}$/cal·(K·mol)$^{-1}$		
			a	$b \times 10^3$	$c' \times 10^{-5}$
Fe_α	0	6.49	4.18	5.92	—
O_2	0	49.02	7.16	1.00	-0.40
FeO(s)	-63200	14.05	11.66	2.00	-0.67

解：

$$\Delta C_p = C_{p(FeO)} - \left[C_{p(Fe-\alpha)} + \frac{1}{2}C_{p(O_2)} \right]$$

$$= 3.90 - 4.42 \times 10^{-3}T - 0.47 \times 10^5 T^{-2}$$

$$\Delta S_{298}^{\ominus} = S_{298(\mathrm{FeO})}^{\ominus} - \left[S_{298(\mathrm{Fe}-\alpha)}^{\ominus} + \frac{1}{2} S_{298(\mathrm{O_2})}^{\ominus} \right]$$

$$= - 16.95$$

根据式（2-37）：

$$\Delta G_T^{\ominus} = \Delta H_{298}^{\ominus} - T\Delta S_{298}^{\ominus} - T(\Delta a M_0 + \Delta b M_1 + \Delta c' M_{-2})$$

$$= - 63200 + 16.95T - T(3.90M_0 -$$

$$4.42 \times 10^{-3}M_1 - 0.47 \times 10^5 M_{-2}) \qquad (2\text{-}38)$$

式中

$$- 3.90TM_0 = - 3.90T\left(\ln \frac{T}{298} + \frac{298}{T} - 1\right)$$

$$= - 3.90T\ln T + 26.10T - 1160$$

$$4.42 \times 10^{-3}TM_1 = 4.42 \times 10^{-3}T \times \frac{(T - 298)^2}{2T}$$

$$= 2.21 \times 10^{-3}T^2 - 1.32T + 196$$

$$0.47 \times 10^5 TM_{-2} = 0.47 \times 10^5 T \times \frac{(T - 298)^2}{2 \times (298T)^2}$$

$$= 0.265T + 0.23 \times 10^5 T^{-1} - 158$$

则

$$\Delta G_T^{\ominus} = - 64300 + 42.0T - 3.90T\ln T +$$

$$2.21 \times 10^{-3}T^2 + 0.23 \times 10^5 T^{-1}(\mathrm{cal/mol})$$

$$= - 269031 + 175.73T - 16.32T\ln T +$$

$$9.25 \times 10^{-3}T^2 + 0.96 \times 10^5 T^{-1}(\mathrm{J/mol})$$

（2）带有相变过程的物质的标准生成自由能 $\Delta_f G^{\ominus}$。根据式（2-30），最好将 $\Delta H^{\ominus}$ 与 $\Delta S^{\ominus}$ 分开计算，其公式如下：

$$\Delta H_T^{\ominus} = \Delta H_{298}^{\ominus} + \int_{298}^{T_{\text{转}}} \Delta C_p \mathrm{d}T + L_{\text{转}} + \int_{T_{\text{转}}}^{T_{\text{熔}}} \Delta C_p' \mathrm{d}T + L_{\text{熔}} +$$

$$\int_{T_{熔}}^{T_{沸}} \Delta C_p'' dT + L_{蒸} + \int_{T_{沸}}^{T} \Delta C_p''' dT \quad (2-39)$$

$$\Delta S_T^{\ominus} = \Delta S_{298}^{\ominus} + \int_{298}^{T_{转}} \frac{\Delta C_p dT}{T} + \frac{L_{转}}{T_{转}} + \int_{T_{转}}^{T_{熔}} \frac{\Delta C_p' dT}{T} + \frac{L_{熔}}{T_{熔}} +$$

$$\int_{T_{熔}}^{T_{沸}} \frac{\Delta C_p'' dT}{T} + \frac{L_{蒸}}{T_{沸}} + \int_{T_{沸}}^{T} \frac{\Delta C_p''' dT}{T} \quad (2-40)$$

有了 $\Delta H_T^{\ominus}$ 和 $\Delta S_T^{\ominus}$，再按 $\Delta G_T^{\ominus} = \Delta H_T^{\ominus} - T\Delta S_T^{\ominus}$ 求 $\Delta G^{\ominus}$。

例：求 $Fe_{\alpha} + \dfrac{1}{2}O_2 = FeO(s)$ 的 $\Delta G_T^{\ominus}$，已知的数据见表 2-4和表 2-5。

表 2-5 相变热和热容的已知值

相变反应	温度 /℃	相变热 /cal·mol⁻¹	物质	$C_p = a + bT + c'T^{-2}$/cal·(K·mol)⁻¹		
				a	$b \times 10^3$	$c' \times 10^{-5}$
$Fe_{\alpha} \rightleftharpoons Fe_{\beta}$①	760	660	Fe_{β}	9.00	—	—
$Fe_{\beta} \rightleftharpoons Fe_{\gamma}$	910	220	Fe_{γ}	1.84	4.66	—

①Fe_{β} 是顺磁的 α-Fe。

解：
$$Fe_{\alpha} + \frac{1}{2}O_2 = FeO(s)$$

$$\Delta H_T^{\ominus} = \Delta H_{298}^{\ominus} + \int_{298}^{T} (3.90 - 4.42 \times 10^{-3} T -$$

$$0.47 \times 10^5 T^{-2}) dT$$

$$\Delta H_T^{\ominus} = -64300 + 3.90T - 2.21 \times 10^{-3} T^2 +$$

$$0.47 \times 10^5 T^{-1} \quad (2-41)$$

$$\Delta S_T^{\ominus} = \Delta S_{298}^{\ominus} + \int_{298}^{T} (3.90 - 4.42 \times 10^{-3} T -$$

$$0.47 \times 10^5 T^{-2}) \frac{\mathrm{d}T}{T}$$

$$\Delta S_T^{\ominus} = -38.1 + 3.90\ln T - 4.42 \times 10^{-3} T +$$

$$0.23 \times 10^5 T^{-2} \tag{2-42}$$

在 298 ~ 1033K，有：

$$\Delta G_T^{\ominus} = \Delta H_T^{\ominus} - T\Delta S_T^{\ominus}$$

$$= -64300 + 42.0T - 3.90T\ln T + 2.21 \times 10^{-3} T^2 +$$

$$0.23 \times 10^5 T^{-1} (\mathrm{cal/mol}) \tag{2-43}$$

$$\Delta G_T^{\ominus} = -269031 + 175.73T - 16.32T\ln T + 9.25 \times 10^{-3} T^2 +$$

$$0.96 \times 10^5 T^{-1} (\mathrm{J/mol})$$

将 $T = 1033\mathrm{K}(760℃)$ 代入式(2-41)及式(2-42)，得：

$$\Delta H_{1033}^{\ominus} = -62600\mathrm{cal/mol}$$

$$\Delta S_{1033}^{\ominus} = -15.60\mathrm{cal/(K \cdot mol)}$$

在 1033K（760℃） Fe_{α} 转变为 Fe_{β} 吸收 660cal/mol：

$$\mathrm{Fe}_{\alpha} + \frac{1}{2}O_2 =\!=\!= \mathrm{FeO(s)} \qquad \Delta H_{1033}^{\ominus} = -62600$$

$$\mathrm{Fe}_{\alpha} =\!=\!= \mathrm{Fe}_{\beta} \qquad \Delta H_{1033}^{\ominus} = 660$$

求得　　$\mathrm{Fe}_{\beta} + \frac{1}{2}O_2 =\!=\!= \mathrm{FeO(s)} \qquad \Delta H_{1033}^{\ominus} = -63260$

该式的　　$\Delta C_p = -0.92 + 1.50 \times 10^{-3} T -$

$$0.47 \times 10^5 T^{-2}$$

$$\Delta H_T^{\ominus} = \Delta H_{1033}^{\ominus} + \int_{1033}^{T} (-0.92 + 1.50 \times 10^{-3} T -$$

$$0.47 \times 10^5 T^{-2}) \mathrm{d}T$$

得出　　$\Delta H_T^{\ominus} = -63160 - 0.92T + 0.75 \times 10^{-3} T^2 +$

$$0.47 \times 10^5 T^{-1} \qquad (2\text{-}44)$$

$$\text{Fe}_\alpha + \frac{1}{2} O_2 \overline{} \text{FeO(s)} \qquad \Delta S_{1033}^{\ominus} = -15.60$$

$$\text{Fe}_\alpha \overline{} \text{Fe}_\beta \qquad \Delta S_{1033}^{\ominus} = \frac{660}{1033} = 0.64$$

$$\text{Fe}_\beta + \frac{1}{2} O_2 \overline{} \text{FeO(s)} \qquad \Delta S_{1033}^{\ominus} = -16.24$$

$$\Delta S_T^{\ominus} = \Delta S_{1033}^{\ominus} + \int_{1033}^{T} (-0.92 + 1.50 \times 10^{-3} T -$$

$$0.47 \times 10^5 T^{-2}) \frac{dT}{T}$$

得出　　$\Delta S_T^{\ominus} = -11.45 - 0.92 \ln T + 1.50 \times 10^{-3} T +$

$$0.23 \times 10^5 T^{-2} \qquad (2\text{-}45)$$

在 1033~1183K，

$$\Delta G_T^{\ominus} = -63160 + 10.53T + 0.92T\ln T - 0.75 \times$$

$$10^{-3} T^2 + 0.23 \times 10^5 T^{-1} (\text{cal/mol}) \qquad (2\text{-}46)$$

$$\Delta G_T^{\ominus} = -264261 + 44.06T + 3.85T\ln T - 3.14 \times$$

$$10^{-3} T^2 + 0.96 \times 10^5 T^{-1} (\text{J/mol})$$

将 $T = 1183\text{K}(910\text{℃})$ 代入式(2-44)及式(2-45)得：

$$\Delta H_{1183}^{\ominus} = -63160 \text{cal/mol}$$

$$\Delta S_{1183}^{\ominus} = -16.14 \text{cal/(K} \cdot \text{mol)}$$

在 1183K（910℃）Fe_β 转变为 Fe_γ 吸收 220cal/mol：

$$\text{Fe}_\beta + \frac{1}{2} O_2 \overline{} \text{FeO(s)} \qquad \Delta H_{1183}^{\ominus} = -63160$$

$$\text{Fe}_\beta \Longrightarrow \text{Fe}_\gamma \qquad\qquad \Delta H^\ominus_{1183} = 220$$

$$\text{Fe}_\gamma + \frac{1}{2}\text{O}_2 \Longrightarrow \text{FeO(s)} \qquad \Delta H^\ominus_{1183} = -63380$$

该式的 $\Delta C_p = 6.24 - 3.16 \times 10^{-3}T - 0.47 \times 10^5 T^{-2}$

$$\Delta H^\ominus_T = \Delta H^\ominus_{1183} + \int_{1183}^{T} (6.24 - 3.16 \times 10^{-3}T -$$

$$0.47 \times 10^5 T^{-2})\,\mathrm{d}T$$

$$\Delta H^\ominus_T = -68580 + 6.24T - 1.58 \times 10^{-3}T^2 +$$

$$0.47 \times 10^5 T^{-1} \qquad\qquad (2\text{-}47)$$

$$\text{Fe}_\beta + \frac{1}{2}\text{O}_2 \Longrightarrow \text{FeO(s)} \qquad \Delta S^\ominus_{1183} = -16.14$$

$$\text{Fe}_\beta \Longrightarrow \text{Fe}_\gamma \qquad\qquad \Delta S^\ominus_{1183} = \frac{220}{1183} = 0.19$$

$$\text{Fe}_\gamma + \frac{1}{2}\text{O}_2 \Longrightarrow \text{FeO(s)} \qquad \Delta S^\ominus_{1183} = -16.33$$

$$\Delta S^\ominus_T = \Delta S^\ominus_{1183} + \int_{1183}^{T} (6.24 - 3.16 \times 10^{-3}T -$$

$$0.47 \times 10^5 T^{-2})\,\frac{\mathrm{d}T}{T}$$

$$\Delta S^\ominus_T = -56.81 + 6.24\ln T - 3.16 \times 10^{-3}T +$$

$$0.23 \times 10^5 T^{-2} \qquad\qquad (2\text{-}48)$$

在 $1183 \sim 1651\text{K}$，有：

$$\Delta G^\ominus_T = -68580 + 63.05T - 6.24T\ln T + 1.58 \times 10^{-3}T^2 +$$

$$0.23 \times 10^5 T^{-1}(\text{cal/mol}) \qquad\qquad (2\text{-}49)$$

$$\Delta G^\ominus_T = -286939 + 263.80T - 26.11T\ln T + 6.61 \times$$

$$10^{-3}T^2 + 0.96 \times 10^5 T^{-1}(\text{J/mol})$$

式（2-49）所指的 1651K(1378℃)是 FeO 的熔点。

（3）用不定积分法求 $\Delta_f G^\ominus$。不定积分法须知下列数据：

1）反应物及产物的热容 C_p；

2）一个温度的 $\Delta H^\ominus$ 及一个温度的 $\Delta G^\ominus$，或两个温度的 $\Delta G^\ominus$。

根据吉布斯-亥姆霍茨方程式：

$$\Delta G^\ominus - T\left(\frac{\partial \Delta G^\ominus}{\partial T}\right)_p = \Delta H^\ominus$$

$$-\frac{\Delta G^\ominus}{T^2} + \frac{1}{T}\left(\frac{\partial \Delta G^\ominus}{\partial T}\right)_p = -\frac{\Delta H^\ominus}{T^2}$$

所以

$$\frac{\mathrm{d}}{\mathrm{d}T}\left(\frac{\Delta G^\ominus}{T}\right) = -\frac{\Delta H^\ominus}{T^2}$$

可以得出

$$\frac{\Delta G^\ominus}{T} = -\int \frac{\Delta H^\ominus}{T^2}\mathrm{d}T + C \tag{2-50}$$

由于

$$\mathrm{d}\Delta H^\ominus = \Delta C_p \mathrm{d}T$$

$$\mathrm{d}\Delta H^\ominus = (\Delta a + \Delta bT + \Delta cT^2 + \Delta c'T^{-2})\mathrm{d}T$$

作不定积分

$$\Delta H_T^\ominus = \Delta H_0 + \Delta aT + \frac{\Delta b}{2}T^2 + \frac{\Delta c}{3}T^3 - \Delta c'T^{-1} \tag{2-51}$$

式中 ΔH_0——积分常数。

将式（2-51）的 $\Delta H_T^\ominus$ 代入式（2-50）作不定积分，得：

$$\Delta G_T^\ominus = \Delta H_0 + IT - \Delta aT\ln T - \frac{\Delta b}{2}T^2 - \frac{\Delta c}{6}T^3 - \frac{\Delta c'}{2}T^{-1}$$

$$\tag{2-52}$$

可以看出，式（2-52）中的 ΔH_0 及 I 是两个积分常数。如果已知一个温度的 $\Delta H_T^\ominus$，代入式（2-51）内可以求出 ΔH_0；如果再已知一个温度的 $\Delta G_T^\ominus$，代入式（2-52）内可以求出 I。有了 ΔH_0 和 I 并代入式（2-52）内，即可求任一温度的 $\Delta G^\ominus$ 值。当然，我们也可以由已知两个温度的 $\Delta G^\ominus$ 利用式（2-52）求出 ΔH_0 及 I。

式（2-49）是 $Fe_\gamma + \dfrac{1}{2}O_2 = FeO(s)$ 的 $\Delta G^\ominus$ 与 T 的关系式。

$$\Delta G_T^\ominus = -68580 + 63.05T - 6.24T\ln T +$$
$$1.58 \times 10^{-3}T^2 + 0.23 \times 10^5 T^{-1}$$

可以得出： $\Delta H_0 = -68580$

$$I = 63.05$$

$$\Delta a = 6.24$$

$$\Delta b = -2 \times 1.58 \times 10^{-3}$$

$$\Delta c' = -0.46 \times 10^5$$

上面计算出的 $\Delta G^\ominus$ 与 T 的关系式是多项式。在热力学运算上多项式比较复杂而麻烦，特别在计算最低还原温度或氧化转化温度时，用二项式很方便。现在不少计算器有利用回归方法计算二项式的程序。

我们即以三种同素异形的固态 Fe 氧化为固态 FeO 在四个温度的 $\Delta G^\ominus$ 值求它与 T 的二项式（见表2-6）。

表 2-6　不同温度下 Fe 氧化为 FeO 的 $\Delta G^\ominus$

化 学 反 应	T/K	$\Delta G^\ominus/\text{cal} \cdot \text{mol}^{-1}$	计算公式
$Fe_\alpha + 1/2O_2 = FeO(s)$	298	-58150	式（2-43）
$Fe_\alpha + 1/2O_2 = FeO(s)$	1033	-46500	式（2-43）
$Fe_\beta + 1/2O_2 = FeO(s)$	1033	-46500	式（2-46）
$Fe_\beta + 1/2O_2 = FeO(s)$	1183	-44060	式（2-46）
$Fe_\gamma + 1/2O_2 = FeO(s)$	1183	-44060	式（2-49）
$Fe_\gamma + 1/2O_2 = FeO(s)$	1623	-37000	式（2-49）

设 x 代表 T，y 代表 $\Delta G^\ominus$，则 $\Delta G^\ominus = b + aT$ 可以换成 $y = b + ax$ 的二元一次方程形式。

根据回归分析的推导：

$$a = \frac{\Sigma(x - \bar{x})(y - \bar{y})}{\Sigma(x - \bar{x})^2}$$

$$b = \bar{y} - a\bar{x}$$

式中　$\bar{x}$——x 值的平均值；

　　　$\bar{y}$——y 值的平均值。

相关系数 r：$r = \dfrac{\Sigma(x - \bar{x})(y - \bar{y})}{\sqrt{\Sigma(x - \bar{x})^2 \cdot \Sigma(y - \bar{y})^2}}$

计算的结果是：

$$a = \frac{14533300}{901819} = 15.96$$

$$b = -46427.5 - 15.96 \times 1034.25 = -62930$$

$$\Delta G^\ominus = -62930 + 15.96T(\text{cal/mol}) \tag{2-53}$$

$$\Delta G^\ominus = -263299 + 66.78T(\text{J/mol})$$

相关系数 $r = 0.999$，适用温度 298 ~ 1623K。

根据数理统计相关系数检验表内查出，置信率为99.9%；也就是说，根据式（2-53）计算1000个数据，其中可能有1个是错误的。

表2-7列出由二项式（2-53）和由多项式（2-43）、多项式（2-46）及多项式（2-49）计算的 $\Delta G^{\ominus}$ 值比较，可见二项式的计算值和多项式的计算值相比，误差很小。

表2-7 $\Delta G^{\ominus}$ 多项式和二项式的计算结果

T		$\Delta G^{\ominus}/\text{cal} \cdot \text{mol}^{-1}(\text{J} \cdot \text{mol}^{-1})$	
℃	K	多项式	二项式
25	298	−58150（−243300）	−58180（−243425）
760	1033	−46500（−194556）	−46440（−194305）
910	1183	−44060（−184347）	−44050（−184305）
1350	1623	−37000（−154808）	−37030（−154934）

2.3 相变自由能

在进行热力学分析时，人们有时需要相变过程的 $\Delta G^{\ominus}$ 与 T 的关系式（例如由相图求活度）。利用不定积分法可求出此关系式。

已知下列热力学数据：

Cu(s)： $C_p = 5.94 + 0.905 \times 10^{-3} T -$

$0.332 \times 10^5 T^{-2} (\text{cal}/(\text{K} \cdot \text{mol}))$

$(298 \sim 1357\text{K})$

Cu(l)：$C_p = 7.5\text{cal}/(\text{K} \cdot \text{mol})$ （1357 ~ 2846K）

熔化热：3170cal/mol

熔化点：1357K

试求铜熔化的相变自由能。

解： $$\text{Cu}(s) = \text{Cu}(l)$$

$$\Delta C_p = 1.56 - 0.905 \times 10^{-3}T + 0.332 \times 10^5 T^{-2}$$

$$\text{d}\Delta H = \Delta C_p \text{d}T$$

$$= (1.56 - 0.905 \times 10^{-3}T + 0.332 \times 10^5 T^{-2})\text{d}T$$

采用不定积分：

$$\Delta H^{\ominus} = 1.56T - 0.452 \times 10^{-3}T^2 + 0.332 \times 10^5 T^{-1} + C$$

当 $T = 1357\text{K}$，$\Delta H^{\ominus} = 3170$。代入上式，求出：

$$C = 3170 - 1260 = 1910$$

$$\Delta H^{\ominus} = 1.56T - 0.452 \times 10^{-3}T^2 - 0.332 \times 10^5 T^{-1} + 1910$$

$$\text{d}\Delta S = \Delta C_p \frac{\text{d}T}{T} = \left(\frac{1.56}{T} - 0.905 \times 10^{-3} + 0.332 \times 10^5 T^{-3} \right)\text{d}T$$

采用不定积分：

$$\Delta S^{\ominus} = 1.56\ln T - 0.905 \times 10^{-3}T - 0.166 \times 10^5 T^{-2} + C$$

当 $T = 1357\text{K}$，$\Delta S^{\ominus} = \dfrac{3170}{1357} = 2.34$。代入后求出积分常数 $C = -7.67$，所以 $\Delta S^{\ominus} = 1.56\ln T - 0.905 \times 10^{-3}T - 0.166 \times 10^5 T^{-2} - 7.67$。

由于 $\Delta G^{\ominus} = \Delta H^{\ominus} - T\Delta S^{\ominus}$

求得：
$$\Delta G^{\ominus} = 1910 + 9.23T - 1.56T\ln T + 0.452 \times$$
$$10^{-3}T^2 - 0.166 \times 10^5 T^{-1}(\text{cal/mol})$$

$$\Delta G^{\ominus} = 7991 + 38.62T - 6.53T\ln T + 1.89 \times 10^{-3}T^2 -$$
$$0.695 \times 10^5 T^{-1}(\text{J/mol}) \tag{2-54}$$

式（2-54）即是铜由固态熔化为液态的相变自由能。

为简便起见，我们也可采用下式（2-55）：

$$\Delta G^{\ominus} = 3170 - 2.34T(\text{cal/mol})$$
$$\Delta G^{\ominus} = 13263 - 9.79T(\text{J/mol}) \tag{2-55}$$

式（2-54）和式（2-55）的比较见表2-8。

表2-8 不同公式计算的铜熔化自由能值

T/K	准确式(2-54)的自由能/cal(J)	简化式(2-55)的自由能/cal(J)
1000	811(3393)	830(3473)
1200	365(1527)	362(1515)
1357	0	0
1500	−333(−1393)	−340(−1423)

可以看出，准确式与简化式的数值几乎相同，存在的误差完全可以忽略不计。

从计算的结果可以看出，对过冷的铜液（低于1357K）由 $\text{Cu}(1) \rightarrow \text{Cu}(s)$ 的 $\Delta G^{\ominus}$ 是负值，也就是自发的过程。

2.4 溶解自由能

冶金过程中的化学反应大部分由溶液（高温冶金熔体或低温的水溶液）中的物质参加进行，所以研究物质的溶解自由能极为重要。溶解自由能涉及活度的标准态问题，计算公式汇集在表 2-9，详细推导法见拙著《冶金过程热力学》第十二章（上海科学技术出版社，1980）❶。

对于钢铁冶金，通常采用纯物质（对炉渣）及质量百分数为 1 的溶液或无限稀溶液（对元素在铁液的稀溶液）为标准态；而对有色冶金，则通常采用纯物质（对炉渣）及摩尔百分数为 1 的溶液或无限稀溶液（元素在有色金属中的稀溶液）为标准态。对高浓度的合金通常采用纯物质为标准态。

设物质 M 溶于某溶剂中，以纯物质为标准态：

$$M \longrightarrow [M]$$
$$\Delta G = \overline{G} - G^{\ominus}$$
$$\Delta G = G^{\ominus}_{纯} + RT\ln a - G^{\ominus}_{纯}$$
$$\Delta G = G^{\ominus}_{纯} - G^{\ominus}_{纯} + RT\ln a$$

对于标准态，$a = 1$

$$\Delta G^{\ominus} = G^{\ominus}_{纯} - G^{\ominus}_{纯} = 0$$

标准态时的纯物质可能是纯固体或纯液体，其摩尔分数 $N = 1$；也可能是纯气体，其逸度（活度）$= 1$，也即 $p = 1\text{atm}$（$1\text{atm} = 101325\text{Pa}$）。采用时应注意纯物质的状态。

当采用 1% 溶液为标准态时：

$$\Delta G^{\ominus} = G^{\ominus}_{\%} - G^{\ominus}_{纯}$$

该数值可自文献中查出，或根据活度系数 $\gamma^{\ominus}$ 按表 2-9 中的公式计算。

---

❶该著作列入《中国科学技术经典文库·技术卷》（科学出版社 2010 年再版）。——编者注

表2-9 溶解自由能中的活度标准态公式

活度标准		定律	采用浓度	标准溶解自由能	备注
标准态	纯物质	拉乌尔定律	摩尔分数 N	$\Delta G^{\ominus} = 0$	$\lim\limits_{N\to 1}\dfrac{a_R}{N} = 1;\ \gamma = 1$
	重量 1% 浓度	亨利定律	质量%	$\Delta G^{\ominus}_{\%} = RT\ln\dfrac{\gamma^{\ominus} M_1}{100 M_2}$	$a_H = 1;\ f = 1;\ x = 1$
	摩尔 1% 浓度	亨利定律	摩尔%	$\Delta G^{\ominus}_{\%(\mathrm{mol})} = RT\ln\dfrac{\gamma^{\ominus}}{100}$	$a_H = 1;\ f = 1;\ x = 1$
参考态	无限稀	亨利定律	质量%	$\Delta G^{\ominus}_{\%(x\to 0)} = RT\ln\dfrac{\gamma^{\ominus} M_1}{100 M_2}$	$\lim\limits_{x\to 0}\dfrac{a_H}{x} = 1;\ f = 1$
	无限稀	亨利定律	摩尔%	$\Delta G^{\ominus}_{\%(\mathrm{mol})(x\to 0)} = RT\ln\dfrac{\gamma^{\ominus}}{100}$	$\lim\limits_{x\to 0}\dfrac{a_H}{x} = 1;\ f = 1$
	无限稀	亨利定律	摩尔分数 N	$\Delta G^{\ominus}_{H(N\to 0)} = RT\ln\gamma^{\ominus}$	$\lim\limits_{N\to 0}\dfrac{a_H}{N} = 1;\ f = 1$

注: M_1 为溶剂的克分子量; M_2 为溶质的克分子量; x 为溶质的克分子分数; γ 为溶质浓度为百分数（wt% 或 mol%）的数值; $\gamma^{\ominus}$ 为 1% 浓度溶液（或无限稀溶液）中溶质按拉乌尔定律计算的活度系数。

③ 自由能的运用

冶金过程中化学反应是错综复杂的，这是由于：

（1）矿石中的有用金属和大量杂质（脉石）共同存在；

（2）矿石有时含有多种有用金属，对每一种金属我们都希望尽可能分别提取出来加以综合利用；

（3）冶炼过程中所用的燃料、熔剂及耐火材料所含的某些元素也会参加一些反应。

这里，有的反应我们需要它进行，有的反应我们不希望它进行，有的反应我们想提前进行，有的反应我们想推迟进行；某一时期希望进行某一反应，而在另一时期又希望进行另一反应；有时某些反应本来是不能进行的，而我们则力图创造条件使它从不可能进行变为能够进行等。面对这些错综复杂的过程，我们要利用什么手段，进行什么样的分析，才能判断、变更或控制反应进行的趋势（即方向）及平衡态？我们又要掌握哪些影响这些手段的因素，才能使我们能够按自己的意图来变更或控制反应进行的方向或者平衡态，以达到预期的结果呢？

热力学分析——特别是自由能的运算——是判别、变更或控制化学反应发生的方向及达到平衡态的手段。影响运用自由能这个手段的因素是：

（1）活度；

（2）温度；

（3）压力；

（4）添加剂；

（5）成核条件。

3.1 活度的影响

有的反应按标准状态的自由能计算，反应是不能进行的，但应用等温方程式将活度用上以后，反应就可以进行。

例：16Mn 钢出钢后，在黏土砖钢包中放的时间长了，Mn 含量要下降，Si 含量要上升，因此就可能造成钢种出格。这是因为 16Mn 中的 Mn，可以将耐火材料中的 SiO_2 还原，Mn 被消耗一部分，Si 要进入钢水中。现在我们来分析一下这个问题。

解：$2[Mn] + SiO_2(s) \Longrightarrow [Si] + 2MnO(s)$ （3-1）

反应式（3-1）的标准自由能：

$$\Delta G^{\ominus} = -1980 + 9.06T$$

在 $T = 1873K$ 时，$\Delta G^{\ominus}_{1875} = 14989cal(62714J)$，$\Delta G^{\ominus}$ 为正值，按说反应（3-1）是不能进行的，但实际上是可以进行的，原因是受活度的影响。

过去有人做过试验（见图 3-1）：

将耐火砖浸入 1600℃ 含锰钢水，试验中测得结果如下：

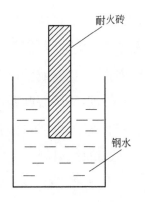

图 3-1 耐火砖浸入钢水试验示意图

元 素	C	Mn	Si
开始时含量/%	0.30	1.50	0.35
20min 以后含量/%	0.30	0.80	0.52

黏土砖成分:

Al_2O_3 40%，摩尔分数 $N_{Al_2O_3} = 0.28$；

SiO_2 60%，摩尔分数 $N_{SiO_2} = 0.72$。

黏土砖被钢水侵蚀生成 $MnO\text{-}SiO_2\text{-}Al_2O_3$ 系渣渗入砖的孔隙中。假定 $N_{MnO} = 0.15$。

还原反应式（3-1）的反应自由能:

$$\Delta G = \Delta G^{\ominus} + RT\ln \frac{f_{Si}[\%Si]\gamma_{MnO}^2 N_{MnO}^2}{f_{Mn}^2[\%Mn]^2 \gamma_{SiO_2} N_{SiO_2}}$$

相互作用系数:

$$e_{Si}^{Si} = 0.11 \qquad e_{Mn}^{Mn} = 0$$

$$e_{Si}^{C} = 0.18 \qquad e_{Mn}^{C} = -0.07$$

$$e_{Si}^{Mn} = 0.002 \qquad e_{Mn}^{Si} = -0.0002$$

硅活度系数: $\lg f_{Si} = e_{Si}^{Si}[\%Si] + e_{Si}^{Mn}[\%Mn] + e_{Si}^{C}[\%C]$

$$= 0.11 \times 0.35 + 0.002 \times 1.5 +$$

$$0.18 \times 0.30 = 0.0955$$

则 $\qquad\qquad\qquad f_{Si} = 1.25$

同样: $\qquad\qquad\qquad f_{Mn} = 0.953$

γ_{MnO} 用冶金知识可以判断。由于 MnO 在炉渣中处于中性状态，那么 $\gamma_{MnO} = 0.9 \sim 1.1$，我们设 $\gamma_{MnO} = 1$。在 $MnO\text{-}SiO_2\text{-}Al_2O_3$ 系中，Al_2O_3 对 SiO_2 的吸引力是有限的，但不会太强。因此，γ_{SiO_2} 小于 1，我们设 $\gamma_{SiO_2} = 0.8$。

这样

$$\Delta G = -1980 + 9.06T + 4.575T\lg\frac{1.25 \times 0.35 \times 1 \times 0.15^2}{0.953^2 \times 1.5^2 \times 0.8 \times 0.72}$$

$$= -1980 - 0.44T(\text{cal/mol})$$

$$= -8284.3 - 1.84T(\text{J/mol})$$

从这个反应自由能可以看出，此反应在任何温度下均可以发生。这样就解释了为什么 16Mn 钢水在黏土砖钢包中，不能放得时间太长。同时也提醒我们，凡是含锰较高的钢水都不能在黏土砖钢包中放得时间过长。当然，如用高铝砖钢包，则情况就不会是这样。

3.2　温度的影响

温度对冶金反应能否进行和向哪个方向进行影响极大。

例：钢水的成分为 C 0.3%，Si 0.5%，O 0.01%，问在钢包中 1650℃下降到 1500℃过程中钢水有何反应？

解：$[C] + [O] =\!=\!= CO$；$\Delta G^{\ominus} = -5600 - 9.73T$　　(3-2)

$$\lg K = 1224/T + 2.048$$

$$K_{1923} = 483.6$$

$$K_{1773} = 547.5$$

活度相互作用系数经查出为：

$$e_C^C = 0.14 \qquad e_C^{Si} = 0.08 \qquad e_C^O = -0.34$$

$$e_{Si}^{Si} = 0.11 \qquad e_{Si}^C = 0.18 \qquad e_{Si}^O = -0.23$$

$$e_O^O = -0.20 \qquad e_O^{Si} = -0.131 \qquad e_O^C = -0.45$$

碳活度系数：　　$\lg f_C = e_C^C[\%C] + e_C^{Si}[\%Si] + e_C^O[\%O]$

$$= 0.14 \times 0.3 + 0.08 \times 0.5 - 0.34 \times 0.01$$

则 $$f_C = 1.20$$

由于 $$K = \frac{p_{CO}}{f_C [\%C] a_O}$$

而 $p_{CO} = 1$

$$a_O = \frac{1}{f_C [\%C]} \cdot \frac{1}{K}$$

a_O 的计算结果为：

$$a_{O(1923)} = 0.0057$$

$$a_{O(1773)} = 0.0051$$

氧活度 a_O 已经求出，含氧量也是可以算出来的。

先求 $$\lg f_O = e_O^O [\%O] + e_O^C [\%C] + e_O^{Si} [\%Si]$$

$$= -0.20 \times [\%O] + (-0.45) \times 0.3 +$$

$$(-0.131) \times 0.5$$

$$= -0.20 \times [\%O] - 0.2005$$

$$a_O = f_O \times [\%O]$$

$$\lg a_O = \lg f_O + \lg [\%O]$$

$$= -0.20 [\%O] - 0.2005 + \lg [\%O] \quad (3\text{-}3)$$

将 a_O 值代入式 (3-3)：

$$\lg 0.0057 = -0.20 [\%O] - 0.2005 + \lg [\%O]$$

可得 $$\lg [\%O] - 0.20 [\%O] = -2.0436 \quad (3\text{-}4)$$

迭代法：采用迭代法求解，试先不考虑式 (3-4) 中的 $0.20 [\%O]$，

那么： $$\lg [\%O] = -2.0436$$

$$[\%O] = 0.00904$$

试以 $[\%O] = 0.0091$ 代入式（3-4）:

$$lg0.0091 - 0.20 \times 0.0091 = -2.0428 > -2.0436$$

再试 $[\%O] = 0.00906$，代入式（3-4）:

$$lg0.00906 - 0.20 \times 0.00906 = -2.0446 < -2.0436$$

可以证明: $[\%O]$ 介于 0.00906 和 0.0091 之间。

最后确定为，$[\%O]_{1923} = 0.0091$，也即 $[O] = 91ppm$；相当于 $a_O = 0.0057$。

同理，$[\%O]_{1773} = 0.0081$，也即 $[O] = 81ppm$；相当于 $a_O = 0.0051$。

由以上可见准确计算比粗略计算仅大 1ppm，因此计算时，完全可以不考虑（3-4）式中的 $0.20[\%O]$ 这一项。

下面计算 Si:

$$[Si] + 2[O] \Longrightarrow SiO_2(s); \quad \Delta G^\ominus = -139070 + 53.00T$$

$$(3-5)$$

$$lgK = 30398/T - 11.58$$

$$K_{1923} = 16884.5$$

$$K_{1773} = 367146$$

$$lgf_{Si} = e_{Si}^{Si}[\%Si] + e_{Si}^{C}[\%C] + e_{Si}^{O}[\%O]$$

$$= 0.11 \times 0.5 + 0.18 \times 0.3 - 0.23 \times 0.01$$

则 $\qquad\qquad\qquad f_{Si} = 1.28$

$$a_{O(1923)}^2 = \frac{1}{f_{Si}[\%Si] \times 16884.5} = \frac{1}{1.28 \times 0.5 \times 16884.5}$$

$$a_{O(1923)} = 0.0096; \quad [\%O] = 0.0152; \quad [O] = 152ppm$$

$a_{O(1773)} = 0.0021；\quad [\%O] = 0.0034；\quad [O] = 34ppm$

将结果列入表 3-1。

表 3-1 钢水降温对碳、硅氧化顺序的影响

温度/K	与碳平衡的氧		与硅平衡的氧		结　论
	a_O	$[O]/ppm$	a_O	$[O]/ppm$	
1923	0.0057	91	0.0096	152	氧含量决定于碳含量
1773	0.0051	81	0.0021	34	氧含量决定于硅含量

注：$1ppm = 1 \times 10^{-4}\%$。

可以看出，钢水在 1650℃时，C 的脱氧能力高于 Si，要有一部分 CO 生成；待降温到某一温度后，Si 的脱氧能力则高于 C，即有 SiO_2 夹杂物生成。该转化温度可由下列方法求出。

将式（3-2）与式（3-5）合并：

$$2[C] + SiO_2(s) == [Si] + 2CO；\quad \Delta G^{\ominus} = 127870 - 71.74T$$

$$\Delta G = \Delta G^{\ominus} + RT\ln \frac{f_{Si}[\%Si]}{f_C^2[\%C]^2}$$

$$= 127870 - 71.24T + 4.575T\lg \frac{1.28 \times 0.5}{0.3^2 \times 1.2^2}$$

$$= 127870 - 68.57T$$

当 $\Delta G = 0$ 时，$T = 1865K(1592℃)$。

1592℃即是 C 氧化转化到 Si 氧化的转化温度。在此温度，无论采用式（3-2）或者式（3-5），平衡的 $a_O = 0.0055$，相当$[O] = 88ppm$。也就是说，钢水从 1650℃ 降到 1592℃ 时，$[O]$和$[C]$反应成为 CO，有 CO 气泡产生，$[O]$含量由

100ppm 降到 88ppm，[C] 含量由 0.3% 降到 0.2991%（基本上仍是 0.3%，此微小差异已在化学分析误差范围之内）。在降低到 1592℃ 以后，[C] 即维持在 0.3% 不变，而 [Si] 开始脱氧，到达 1500℃ 时，[O] 由 88ppm 降到 34ppm，[Si] 则下降到 0.4953%（基本上仍是 0.5%），生成 0.0101% 的 SiO_2。

然而，钢水凝固是个复杂的问题。凝固过程中除出现固体钢外，剩余的钢水发生偏析，生成更多的夹杂物。同时钢中的氮、氢含量也要发生变化。表 3-2 例举另一钢水，在 90% 凝固后剩余钢水成分由于偏析引起的变化和计算的平衡含氧量。

表 3-2　钢凝固时碳、硅、锰的氧化

温度/℃	钢水成分变化/%			与碳平衡的氧		与硅锰平衡的氧	
	C	Mn	Si	a_0	[O]/ppm	a_0	[O]/ppm
1650	0.20	0.65	0.15	0.0097	130	0.017	228
1497(90%凝固)	0.54	1.40	0.32	0.0028	38	0.0024	32

在 1650℃ 时脱氧取决于 C，在 1497℃（90% 凝固）脱氧取决于 Si 及 Mn。在凝固过程中有夹杂物出现。在温度高时夹杂物可以上浮，而在凝固过程中夹杂物很难上浮，留在晶粒之间。

钢水中如含有氢、氮，凝固过程中它们由于偏析进行富集，在适当的条件下便可以同 CO 一齐以气泡形式逸出。

表 3-3 中各种气体的分压力是计算出来的，如果钢水中 [H] 较少，[N] 也不多，就可以得到半镇静钢。

表3-3 凝固过程钢中气体的析出

序号	温度 /℃	气体含量		气体分压/atm			气体总压/atm	备 注
		[H]/%	[N]/%	p_{CO}	p_{H_2}	p_{N_2}	$p_总$	
1	1650	0.0003	0.004	—	—	—	—	半镇静钢
	1497	0.000875	0.009	0.86	0.15	0.05	1.06	
2	1650	0.0005	0.012	—	—	—	—	沸腾钢
	1497	0.001458	0.027	0.86	0.42	0.47	1.75	
3	1497	0.001458	0.027	0.17	0.42	0.47	1.06	加 Al 12g/t，半镇静钢

注：1atm = 101325Pa。

这里，解释一下，为什么我们选 1497℃（90%凝固）的数据。有人做过大量试验，结果表明 90% 凝固时 $p_总$ 最大，就拿这个作为标准。当然我们如果自己要做试验，就要根据自己的工艺来做，上述数据仅供参考。同时上述研究者的实验 $p_总$ = 1 ~ 1.1 或者 1.2 时是半镇静钢，大于 1.2 是沸腾钢，小于 1 是镇静钢。

表 3-3 中的 [H] = 0.0003%，[N] = 0.004%；若由于天气关系 [H] 增多，则 p_{H_2} 增大很快，如 [H] = 0.0005%，则 p_{H_2} = 0.42。再加上 [N] 若再增加一点，那么半镇静钢就可能成为沸腾钢了！有办法挽救吗？经验丰富的工人，就可能通过加 Al 来控制 [O]。表 3-3 中最下面的一行数据，就是插入 Al 12g/t 后的情况。

下面介绍一下，插 Al 量的计算方法。

$$K = \frac{p_{CO}}{f_C [\%C] a_O}$$

从表 3-3 可知 $p_{CO} = 0.17$

$$a_O = \frac{p_{CO}}{f_C[\%C]}K^{-1} = \frac{0.17}{1.21 \times 0.54 \times 549} = 0.00047$$

$$2[Al] + 3[O] \Longrightarrow Al_2O_3$$

$$-\lg K = \lg a_{Al}^2 a_O^3 = \frac{-64090}{T} + 20.41$$

$$\lg a_{Al}^2 a_O^3 = -15.799$$

$$2\lg a_{Al} + 3\lg a_O = -15.799$$

将 a_O 代入上式:

$$\lg a_{Al} = -2.9076$$

$$a_{Al} = 12 \times 10^{-4}$$

假定 $f_{Al} = 1$,可得插 Al 量 $= 12 ppm = 12 g/t$。

氧化转化温度和还原最低温度

两个反应的 ΔG-T 线的相交点是转化温度,对氧化还原反应则称为氧化转化温度或者最低还原温度。

以上列 C、Si 脱氧反应为例说明两个反应的 $\Delta G - T$ 线的相交点是转化温度(图 3-2):

$$C = 0.3\% \qquad f_C = 1.2$$

$$Si = 0.5\% \qquad f_{Si} = 1.28$$

$$O = 0.01\% \qquad f_O = 0.627$$

$$2[C] + 2[O] \Longrightarrow 2CO \qquad \Delta G = -11200 + 5.47T$$

$$[\text{Si}] + 2[\text{O}] = \text{SiO}_2(\text{s}) \qquad \Delta G = -139070 + 74.04T$$

$$2[\text{C}] + \text{SiO}_2(\text{s}) = [\text{Si}] + 2\text{CO} \quad \Delta G = 127870 - 68.57T$$

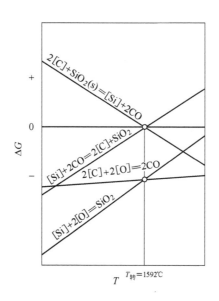

图 3-2 C、Si 脱氧示意图

可以证明，两个元素的氧化转化温度与氧存在的形式，如 O_2、[O] 或（FeO）及氧的活度（压力）无关，而只决定于该两元素及其氧化产物的活度（压力）。同时氧化转化温度不是一成不变的温度。冶炼过程中反应物及产物的成分一有变化，转化温度即随之而变化。

氧化转化温度的概念对指导吹炼过程中元素的选择性氧化很有实际意义，图 3-3 是溶于铁液中元素直接氧化的 $\Delta G^{\ominus}$-T 线，反映出炼钢过程中常见元素被氧气直接氧化的先后顺序。含 Cr 铁水欲脱除 Cr 保 C，其吹炼温度必须低于 Cr、C 的转化温度；脱 Cr 越低，则吹炼温度应越低（表 3-4）。

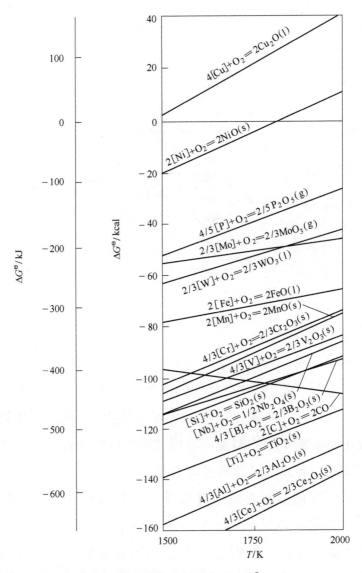

图 3-3 铁液中元素氧化的 $\Delta G^{\ominus}$-T 线

表 3-4 脱 Cr 保 C 的转化温度

% C	4	3.5	3	4	3.5	3	4	3.5	3
% Cr	0.5	0.5	0.5	0.2	0.2	0.2	0.1	0.1	0.1
转化温度/℃	1420	1462	1500	1365	1405	1440	1323	1357	1393

18-8 不锈钢冶炼的目的在于脱 C 保 Cr，冶炼温度必须高于 Cr、C 的转化温度。脱 C 越低，则冶炼温度必须越高（参阅表3-5）。必要时采用真空冶炼即 AOD 法。

表 3-5 脱 C 保 Cr 的转化温度

例	含量/%			p_{CO}/atm	转化温度/℃	p_{O_2}：p_{Ar}：p_{CO}
	Cr	Ni	C			
1	12	9	0.35	1	1555	
2	12	9	0.1	1	1727	
3	12	9	0.05	1	1835	
4	10	9	0.05	1	1800	
5	18	9	0.35	1	1627	
6	18	9	0.1	1	1820	
7	18	9	0.05	1	1945	
8	18	9	0.35	2/3	1575	1：1：2
9	18	9	0.05	1/2	1830	1：2：2
10	18	9	0.05	1/5	1690	1：8：2
11	18	9	0.05	1/10	1600	1：18：2
12	18	9	0.02	1/20	1630	1：38：2

　　对冰镍的脱 S 保 Ni，吹炼温度必须高于 Ni、S 的转化温度。S 含量越低，则吹炼温度必须越高。对冰镍所含的 Fe、Cu、Co 等元素的氧化规律，理论的热力学分析和计算完全与实际的大规模的实验结果相符合（参阅表 3-6 及图 3-4）。

表 3-6　脱 S 保 Ni 的转化温度

例	含量/%					转化温度/℃		条　件
	Ni	Cu	Fe	Co	S			
1	70	5	3	0.7	21.3	Ni, S	1368	$p_{O_2} = 1\,atm$
						Fe, S	1440	$p_{SO_2} = 0.7\,atm$
2	82	5.9	1.3	0.8	10	Ni, S	1468	$p_{O_2} = 1\,atm$ $p_{SO_2} = 0.7\,atm$
3	87.6	6.3	1.4	0.9	3.8	Ni, S	1580	$p_{O_2} = 1\,atm$ $p_{SO_2} = 0.7\,atm$
4	90.3	6.4	1.4	0.9	1.0	Ni, S	1725	$p_{O_2} = 1\,atm$ $p_{SO_2} = 0.7\,atm$
5	91.1	6.5	1.4	0.9	0.1	Ni, S	2026	$p_{O_2} = 1\,atm$ $p_{SO_2} = 0.7\,atm$
6	91.1	6.5	1.4	0.9	0.1	Ni, S	1532	$p_{O_2} = 1\,atm$ $p_{SO_2} = 0.01\,atm$

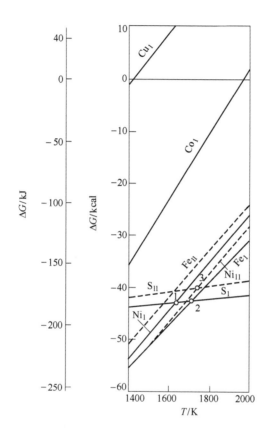

图 3-4　Cu、Co、Ni、Fe 及 S 的选择性氧化

1—1370℃；2—1440℃；3—1470℃

3.3　压力的影响

在上一节讨论温度的影响时，已涉及压力对自由能的影响。一般来讲，对产生一种气体的反应，如果该反应只能在很高的温度才能进行，采用真空减低该气体的压力，便可在较低的温度即工业上可行的温度下使该反应得以进行。

下面再举一个例子来阐明通过控制压力达到控制反应的目的。

例：$W(CO)_6 \longrightarrow W(s) + 6CO(g)$　$T = 1200K$　(3-6)

式（3-6）是羰基钨分解提取纯钨的方法。

我们可以认为反应式（3-6）的平衡常数很大，可以完全分解，有 $1mol\ W(CO)_6$ 一定可以生成 $6mol\ CO$。但是，又发生下面的反应：

$$2CO + W(s) =\!=\!= WC(s) + CO_2 \qquad (3-7)$$

式（3-7）的 $\Delta G^{\ominus} = -47900 + 40.5T$。

这样就得到了 WC 而得不到 W 了。怎么办呢？就是加入大量 CO_2 使反应式（3-7）逆向进行。然而 CO_2 加得太多，又会出现下面的反应：

$$\frac{1}{2}W(s) + CO_2 =\!=\!= \frac{1}{2}WO_2 + CO \qquad (3-8)$$

此反应的 $\Delta G^{\ominus} = -2550 - 1.75T$。

这样也得不到纯钨，而变成 WO_2。因此，问题在于 CO_2 加多少，既避免 WC 生成，又避免 WO_2 形成（此类问题在工业上是很多的）。我们就是要想办法，让某一反应发生，而不让其他反应发生。对于上述反应采用控制 CO_2 分压力的办法来实现控制这个反应。

我们在 $W(CO)_6$ 中配入一定量的 CO_2，使反应（3-7）、反应（3-8）不发生。令 x 代表 $1mol\ W(CO)_6$ 混入的 CO_2 物质的量（摩尔数）。

$$W(CO)_6 : CO = 1 : 6;　W(CO)_6 : CO_2 = 1 : x$$

反应式（3-6）分解后有 6mol CO 分子产生。有 $x$mol CO_2 分子混入。

$$p_{CO} + p_{CO_2} = p(p \text{ 代表总压})$$

$$p_{CO} = \frac{6}{6+x}p$$

$$p_{CO_2} = \frac{x}{6+x}p$$

按反应式（3-7）计算

$$\Delta G^{\ominus}_{1200} = 700$$

$$\Delta G^{\ominus}_{1200} = -4.575 T \lg K_7$$

$$\lg K_7 = \frac{-700}{4.575 \times 1200} = -0.1275$$

$$K_7 = 0.7456$$

代入 p_{CO_2} 与 p_{CO}

$$K_7 = \frac{p_{CO_2}}{p^2_{CO}} = \frac{\dfrac{x}{6+x}p}{\left(\dfrac{6}{6+x}\right)^2 p^2} = \frac{x(6+x)}{36p}$$

$$= 0.7456$$

$$x^2 + 6x - 26.84p = 0 \tag{3-9}$$

先按 $p = 1$atm 计算，则式（3-9）成为：

$$x^2 + 6x - 26.84 = 0$$

$$x = 2.985 \approx 3$$

所以 $W(CO)_6 : CO_2 = 1 : 3$。

如欲使式（3-7）不能进行，则 CO_2 与 $W(CO)_6$ 的摩尔比应为：

$$\frac{CO_2}{W(CO)_6} > 3$$

按反应式（3-8）计算；

$$\Delta G_{1200}^{\ominus} = -4650$$

$$\Delta G_{1200}^{\ominus} = -4.575 \times 1200 \lg K_8$$

$$\lg K_8 = \frac{4650}{4.575 \times 1200} = 0.847$$

$$K_8 = 7.031$$

代入 p_{CO_2} 与 p_{CO}

$$K_8 = \frac{p_{CO}}{p_{CO_2}} = \frac{\frac{6}{6+x}p}{\frac{x}{6+x}p} = \frac{6}{x} = 7.031$$

由于上式中的 p 已消掉，故该反应与压力无关。

$$x = 0.8534$$

也即 $W(CO)_6 : CO_2 = 1 : 0.8534$。

欲使式（3-8）不能进行，则 CO_2 与 $W(CO)_6$ 摩尔比应为：

$$\frac{CO_2}{W(CO)_6} < 0.85$$

式（3-7）和式（3-8）得到的结论是相互矛盾的，因之可以推论，总压 p 等于 1atm 是行不通的。

试采用真空下试验，假定 $p = 0.1$atm，式（3-9）则简化为：

$$x^2 + 6x - 2.684 = 0$$

$$x = 0.418$$

也即

$$W(CO)_6 : CO_2 = 1 : 0.418$$

欲使式（3-7）不能进行，则 CO_2 与 $W(CO)_6$ 的摩尔比应为：

$$\frac{CO_2}{W(CO)_6} > 0.42$$

这样可以判断，在 $0.42 < \dfrac{CO_2}{W(CO)_6} < 0.85$ 的条件下，在 1200K 可以获得纯钨，而且避免了副反应的发生。

如何创造真空条件呢？有两种方法：一种是抽真空到真空度很高时放入适当比例的 CO_2 及 $W(CO)_6$，使得最后的 $p_{CO_2} + p_{CO} = 0.1atm$；另一种是配入 Ar 气，使得总压 $p = 1atm$，而 CO_2 及 CO 的分压和为 0.1atm。

设 $CO_2 : W(CO)_6 = 0.6 : 1$

则气体配比为：$CO_2 : CO : Ar = 0.6 : 6 : x$

$$\frac{6 + 0.6}{6 + 0.6 + x} = 0.1$$

求得 $x = 59.4$。

也即用体积比 $CO_2 : W(CO)_6 : Ar = 0.6 : 1 : 59.4$ 的气体即可。

复核以上计算：

式（3-7），$J = \dfrac{p_{CO_2}}{p_{CO}^2}$

$$J = \frac{0.6}{66} \times \frac{66^2}{6^2}$$

$$J = 1.1 > 0.7456$$

所以式（3-7）不能进行。

式（3-8），$J = \dfrac{p_{CO}}{p_{CO_2}}$

$$J = \dfrac{6}{0.6}$$

$$J = 10 > 7.03$$

所以式（3-8）也不能进行。

如 $p_{CO_2} + p_{CO} = 0.2atm$，则：

$$CO_2 : W(CO)_6 = 0.79 : 1$$

因此，$0.79 < \dfrac{CO_2}{W(CO)_6} < 0.85$ 是不产生副反应的条件。如果假定：

$$\dfrac{CO_2}{W(CO)_6} = 0.8$$

则采用的气体体积比应为：

$$CO_2 : W(CO)_6 : Ar = 0.8 : 1 : 27.2$$

复核以上计算：

对式（3-7），$J = \dfrac{p_{CO_2}}{p_{CO}^2} = 0.7565 > 0.7456$

对式（3-8），$J = \dfrac{p_{CO}}{p_{CO_2}} = 7.5 > 7.03$

因此，两个副反应都不能进行。

从上列计算可以看出，真空度越高，对抑制副反应越有利。而 $p_{CO_2} + p_{CO}$ 的分压和不能大于 $0.2atm$。

3.4 添加剂的影响

采用添加剂可以使难以进行的反应易于进行。

下面举一制海绵钛的实例。

在制取钛时，用不纯的高 TiO_2 渣，以氯气与其起作用，得到一个可以跑掉的气体产物，然后继续蒸馏，用镁还原 $TiCl_4$ 就可以得到海绵钛，然而反应的自由能：

$$\frac{1}{2}TiO_2 + Cl_2 == \frac{1}{2}TiCl_4(g) + \frac{1}{2}O_2 \qquad (3\text{-}10)$$

$$\Delta G^{\ominus} = 22050 - 6.9T$$

因此，反应（3-10）只有在大于 3195.6K 时才能进行。这在实际上几乎是办不到的。使用加入添加剂的方法，加入石油焦或者较纯净的煤，反应为：

$$\frac{1}{2}TiO_2 + C + Cl_2 == \frac{1}{2}TiCl_4(g) + CO \qquad (3\text{-}11)$$

$$\Delta G^{\ominus} = -5750 - 26.95T$$

反应（3-11）的 $\Delta G^{\ominus}$ 为负，因此，任何温度下反应（3-11）均可进行。产物是两种气体，可以与 TiO_2 的杂质分开。然后进行冷却，$TiCl_4$ 首先变为液体，与 CO 分开，再蒸馏得到较纯的 $TiCl_4$。最后用镁来还原 $TiCl_4$，成为海绵钛。

3.5 成核条件的影响

此问题对于炼钢来说是很现实的问题，特别是夹杂物及 CO 气体的生成都与成核条件有关。

例： 用铝脱氧得到 Al_2O_3 夹杂：

$$2[Al] + 3[O] \Longrightarrow Al_2O_3(s) \qquad (3\text{-}12)$$

反应式（3-12）的标准自由能 $\Delta G^{\ominus} = -293220 + 93.37T$

$$\lg K = \frac{64090}{T} - 20.41$$

$$K = \frac{1}{a_{Al}^2 a_O^3} = \frac{1}{m}$$

脱氧计算时，我们经常用到这个 m，称为平衡活度积或脱氧常数，是平衡常数 K 的倒数。在1600℃时，$m = a_{Al}^2 \cdot a_O^3 = 1.56 \times 10^{-14}$。

现在我们来研究一下脱氧的条件是什么。

$$\Delta G = -RT\ln K + RT\ln J = RT\ln \frac{J}{K}$$

将 $m = \dfrac{1}{K}$，$m' = \dfrac{1}{J}$ 代入上式中，则得到 $\Delta G = RT\ln \dfrac{m}{m'}$。

因为只有 ΔG 为负值时反应才能进行，所以只有 $m' > m$ 时反应才能进行。

令 $\alpha = \dfrac{m'}{m}$，α 称为过饱和度；也就是说 $\alpha > 1$，反应可以进行。

实际的活度积 m' 要大于平衡活度积，也即过饱和度要大于1，反应才能得到进行。但是实际情况并不是这样简单，仅 ΔG 为负值是不够的。假设钢水非常纯净，没有生成 Al_2O_3 的晶核，即所谓成核条件是均相成核的话，那么过饱和度 α 要达到 10^9，才有可能发生反应（3-12）。假若是异相成核, 即钢液中有些小杂质, 有载体, 那 $\alpha > 1$ 时反应式 (3-12) 就可进行。

现介绍一下晶核自由能:

$$\Delta G = 4\pi r^2 \sigma + \frac{4}{3}\pi r^3 \Delta G_{\pm}\left(\frac{\rho}{M}\right) \tag{3-13}$$

式中　r——生成晶核半径, cm;

　　　σ——颗粒和铁液的界面张力, erg/cm^2 ($1erg = 2.39 \times 10^{-8}cal$);

　　　ρ——生成氧化物的密度, g/cm^3;

　　　M——生成氧化物的克分子量, g/mol;

$\Delta G_{\pm}$——反应自由能, $\Delta G_{\pm} = -RT\ln\dfrac{m'}{m}$。

详细计算这里从略。

产生气泡的情况更复杂。除非钢水中有杂质, 例如有不溶解的石灰, 或在接触炉衬处, 其中有很多孔洞或充满气体的毛细管充做异相气泡核, 这时只计算生成反应的自由能就可以了。若是均相成核, 则不只要考虑气泡生核自由能, 还要考虑气泡生成时, 扩大表面积而要承受的压力。因此, 对气泡来说, 反应自由能为:

$$\Delta G_{\pm} = -RT\ln\alpha + RT\ln\left(\frac{p_{气泡}}{p^{\ominus}}\right) \tag{3-14}$$

$$p_{气泡} = p_1 + p_2 + p_3 + \frac{2\sigma}{r}$$

式中　p_1——大气压力, dyn/cm^2 ($1dyn/cm^2 = 0.1Pa$);

　　　p_2——钢水柱压力, dyn/cm^2;

p_3——渣柱压力，dyn/cm^2；

$p^{\ominus}$—— 标准态一个大气压的 CO 气泡压力，$1013250dyn/cm^2$；

$p_{气泡}$——气泡所承受的总压力，dyn/cm^2；

σ——表面张力，dyn/cm（$1dyn = 10^{-5}N$）；

r——气泡半径，cm。

从式（3-14）中可看，当 $r = 0$ 时，即没有晶核生成气泡时，则 $\dfrac{2\sigma}{r} = \infty$。由此可见，生成气泡是多么困难。转炉在吹炼时，产生猛烈的爆破性喷溅，原因之一是生成气泡要克服巨大压力。对钢液实际情况来说，均相生成气泡核，要有过饱和度，但一般达不到。因此，一般气泡生成都是由于异相成核。

④ 多反应的平衡及计算机应用

4.1 平衡常数法

试以煤的气化为例。假定煤的成分为纯 C，以空气及水蒸气气化，生成气体有 H_2、CO、CO_2、H_2O、O_2 及 N_2。加入的 H_2O 和空气量的摩尔比为 1：2.38，总压为 20atm。求 1500K 的平衡组成。

可能发生的反应有：

（1）$2C + O_2 \rightleftharpoons 2CO$； $\Delta G^\ominus = -54680 - 41.0T$

（2）$C + O_2 \rightleftharpoons CO_2$； $\Delta G^\ominus = -94490 - 0.13T$

（3）$2H_2 + O_2 \rightleftharpoons 2H_2O$； $\Delta G^\ominus = -118300 + 26.70T$

（4）$2C + 2H_2O \rightleftharpoons 2H_2 + 2CO$； $\Delta G^\ominus = 63620 - 67.70T$

（5）$CO_2 + C \rightleftharpoons 2CO$； $\Delta G^\ominus = 39810 - 40.87T$

（6）$C + 2H_2O \rightleftharpoons 2H_2 + CO_2$； $\Delta G^\ominus = 23810 - 26.83T$

（7）$CO_2 \rightleftharpoons CO + \dfrac{1}{2}O_2$； $\Delta G^\ominus = 67150 - 20.37T$

（8）$CO + H_2O \rightleftharpoons CO_2 + H_2$； $\Delta G^\ominus = -8000 + 7.02T$

上列热力学数据引自：E. T. Turkdogan. Physical Chemistry of High Temperature Technology. Academic Press，1980（中译本：高温工艺物理化学，魏季和，傅杰译. 北京：冶金工业出版社，1988）。

上列 8 个反应中只有 3 个反应是独立的。

图 4-1 列出它们的 $\Delta G^{\ominus}$ 与 T 的关系图。由图可以得到启示，C 氧化为 CO 比氧化为 CO_2 容易。水汽单独分解很困难；有了 C 则分解为 H_2 和 CO 比分解为 H_2 和 CO_2 容易。

已知加入 2.38mol 空气，相当于：

$$2.38 \times 0.21 = 0.50 \text{mol } O_2$$
$$2.38 \times 0.79 = 1.88 \text{mol } N_2$$

以及 1mol H_2O。

采用如下三个简单的反应式：

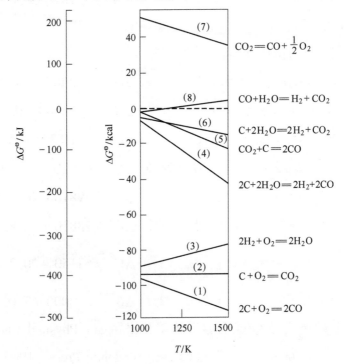

图 4-1 煤气化各反应的 $\Delta G^{\ominus}$ 对 T 关系图

(图中(1)~(8)对应本小节中前面提到的 8 个反应式)

$$H_2 + \frac{1}{2}O_2 \Longrightarrow H_2O \qquad (4\text{-}1)$$

$$-x \quad -\frac{1}{2}x \qquad x$$

$$C + \frac{1}{2}O_2 \Longrightarrow CO \qquad (4\text{-}2)$$

$$-\frac{1}{2}y \qquad y$$

$$C + O_2 \Longrightarrow CO_2 \qquad (4\text{-}3)$$

$$-z \qquad z$$

因为 $\qquad n_{H_2O} = 1 + x$

$$n_{H_2} = -x$$

$$n_{O_2} = 0.5 - \frac{1}{2}x - \frac{1}{2}y - z$$

$$= \frac{1}{2}(1 - x - y - 2z)$$

$$n_{CO} = y$$

$$n_{CO_2} = z$$

$$n_{N_2} = 1.88$$

所以 $\qquad \sum n_i = 3.38 + \frac{1}{2}(y - x)$

式中 x——生成的 H_2O 的物质的量（摩尔数），负值；

$\quad\ y$——生成的 CO 的物质的量（摩尔数）；

$\quad\ z$——生成的 CO_2 的物质的量（摩尔数）；

$\quad\ n$——各物质的量（摩尔数）。

$$N_i = \frac{n_i}{\Sigma n_i}$$

依据道尔顿分压定律：

$$p_i = N_i p \, (p_i \text{ 为分压}; p \text{ 为总压})$$

$$K_1 = \frac{p_{H_2O}}{p_{H_2} p_{O_2}^{\frac{1}{2}}}$$

$$= \frac{(n_{H_2O}/\Sigma n_i) p}{(n_{H_2}/\Sigma n_i) p (n_{O_2}/\Sigma n_i)^{\frac{1}{2}} p^{\frac{1}{2}}}$$

$$= \frac{(1+x)(2\Sigma n_i)^{\frac{1}{2}} p^{-\frac{1}{2}}}{(1-x-y-2z)^{\frac{1}{2}}(-x)}$$

$$K_2 = \frac{\sqrt{2} y p^{\frac{1}{2}}}{(1-x-y-2z)^{\frac{1}{2}}(\Sigma n_i)^{\frac{1}{2}}}$$

$$K_3 = \frac{2z}{1-x-y-2z}$$

简化后，得：

$$\frac{K_1}{K_2} = \left(3.38 + \frac{y-x}{2}\right)\frac{1+x}{-xyp} \tag{4-4}$$

$$\frac{K_1 K_2}{K_3} = -\frac{y(1+x)}{xz} \tag{4-5}$$

由于 n_{O_2} 值很小，因之，可以认定是零：

$$1 - x - y - 2z = 0 \tag{4-6}$$

由式(4-4) ~ 式(4-6)可得出：

$$y = \frac{6.76 - x}{\dfrac{-2xpK_1}{(1+x)K_2} - 1} \tag{4-7}$$

$$z = \frac{K_3(1 + x)y}{- K_1 K_2 x} \tag{4-8}$$

$$x + y + 2z = 1 \tag{4-9}$$

利用迭代法求解。先假定一 x 值，由式（4-7）求 y，再由式（4-8）求 z，检验 x、y、z 是否符合式（4-9）。依次迭代，改变 x 值一直到 x、y、z 符合式（4-9）为止。

结果为：　　$x = - 0.986$

　　　　　　$y = 1.964$

　　　　　　$z = 0.011$

因而　　　$\Sigma n_i = 3.38 + \frac{1}{2}(y - x) = 4.855$

$$N_{H_2} = \frac{0.986}{4.855} = 0.203$$

$$N_{CO} = \frac{1.964}{4.855} = 0.405$$

$$N_{CO_2} = \frac{0.011}{4.855} = 0.002$$

$$N_{H_2O} = \frac{1 - 0.986}{4.855} = 0.003$$

$$N_{N_2} = \frac{1.88}{4.855} = 0.387$$

利用式（4-7）~式（4-9）进行迭代还是比较麻烦。同时式（4-1）严格地讲不是煤气化过程中的正式反应，换成式（4-10）更为合理：

$$C + H_2O \Longrightarrow H_2 + CO \tag{4-10}$$

但由式（4-2）、式（4-3）及式（4-10）按上列平衡常数法列出的三个联立方程式求解，更为困难，而用迭代法求解也难以做到。因而，有必要寻求更普遍、更迅速的求解方法。

4.2　平衡体系的最小自由能方法——计算机的应用

根据处于平衡体系中的总自由能应为最小的原理，应用拉格朗日未定乘数法，可导出下列二公式（详细推导见：J. M. Smith & H. C. Van Ness. Introduction of Chemical Engineering Thermodynamics, 3rd Ed., McGraw-Hill, New York, 1975: 424）。

$$\sum_i n_i a_{ik} - A_k = 0 \qquad (4\text{-}11)$$

$$\Delta_f G_i^{\ominus} + RT\ln \frac{n_i}{\sum n_i} p + \sum_k \lambda_k a_{ik} = 0 \qquad (4\text{-}12)$$

式(4-11)和式(4-12)适用于气体反应。对于含有溶液的反应体系，则可用式(4-11)及式(4-13)：

$$\Delta_f G_i^{\ominus} + RT\ln a_i + \sum_k \lambda_k a_{ik} = 0 \qquad (4\text{-}13)$$

式中　i——参加反应体系的物质（$i = 1, 2, \cdots, m$）；

　　　k——参加反应体系物质的元素（$k = 1, 2, \cdots, w$）；

　　　n_i——物质 i 的摩尔数；

　　　a_{ik}——每一个物质分子 i 所含元素 k 的原子数目；

　　　A_k——系统中元素 k 的总原子数量，由系统最初的给定条件确定；

　　　p——气体的总压；

　　　$\Delta_f G_i^{\ominus}$——物质 i 的标准生成自由能；

a_i——物质 i 的活度；

λ_k——元素的拉格朗日未定乘数。

根据上列煤气化反应的例子，已知：

$1\text{mol }H_2O$；$0.5\text{mol }O_2$；$1.88\text{mol }N_2$；C 量很多，假定为 m mol；$p = 20\text{atm}$；$T = 1500\text{K}$。

$$\Delta_f G_{H_2O}^{\ominus} = -39300\text{cal/mol}$$

$$\Delta_f G_{CO}^{\ominus} = -58240\text{cal/mol}$$

$$\Delta_f G_{CO_2}^{\ominus} = -94730\text{cal/mol}$$

已知数据和表 4-1、表 4-2 所列数值根据 Smith 和 Ness 的书内数据选出。

表 4-1　煤气化系统各元素的原子数

元素 k			
H	O	N	C
A_k——系统内元素 k 已给定的总原子数量/mol			
$A_H = 1 \times 2 = 2$	$A_O = 1 + 0.5 \times 2 = 2$	$A_N = 2 \times 1.88 = 3.76$	$A_C = m$

表 4-2　煤气化系统每种分子所含原子数

物质 i	a_{ik}——每 1 个物质分子 i 所含元素 k 的原子数目			
	H	O	N	C
CO	$a_{CO,H} = 0$	$a_{CO,O} = 1$	$a_{CO,N} = 0$	$a_{CO,C} = 1$
CO_2	$a_{CO_2,H} = 0$	$a_{CO_2,O} = 2$	$a_{CO_2,N} = 0$	$a_{CO_2,C} = 1$
H_2O	$a_{H_2O,H} = 2$	$a_{H_2O,O} = 1$	$a_{H_2O,N} = 0$	$a_{H_2O,C} = 0$
H_2	$a_{H_2,H} = 2$	$a_{H_2,O} = 0$	$a_{H_2,N} = 0$	$a_{H_2,C} = 0$

物质 i	a_{ik}——每 1 个物质分子 i 所含元素 k 的原子数目			
	H	O	N	C
O_2	$a_{O_2,H}=0$	$a_{O_2,O}=2$	$a_{O_2,N}=0$	$a_{O_2,C}=0$
N_2	$a_{N_2,H}=0$	$a_{N_2,O}=0$	$a_{N_2,N}=2$	$a_{N_2,C}=0$
C	$a_{C,H}=0$	$a_{C,O}=0$	$a_{C,N}=0$	$a_{C,C}=1$

根据
$$\sum_i n_i a_{ik} - A_k = 0$$

导出四个元素的原子数量平衡方程：

H：
$$2n_{H_2O} + 2n_{H_2} = 2 \tag{4-14}$$

O：
$$n_{CO} + 2n_{CO_2} + n_{H_2O} + 2n_{O_2} = 2 \tag{4-15}$$

N：
$$2n_{N_2} = 3.76 \tag{4-16}$$

C：
$$n_{CO} + n_{CO_2} + n_C = m \tag{4-17}$$

根据
$$\Delta_f G_i^\ominus + RT\ln\frac{n_i}{\Sigma n_i}p + \sum_k \lambda_k a_{ik} = 0 \tag{4-18}$$

写出 7 个物质的热力学方程：

CO：
$$-58240 + RT\ln\frac{n_{CO}}{\Sigma n_i}p + \lambda_C + \lambda_O = 0 \tag{4-19}$$

CO_2：
$$-94730 + RT\ln\frac{n_{CO_2}}{\Sigma n_i}p + \lambda_C + 2\lambda_O = 0 \tag{4-20}$$

H_2O：
$$-39300 + RT\ln\frac{n_{H_2O}}{\Sigma n_i}p + 2\lambda_H + \lambda_O = 0 \tag{4-21}$$

H_2：
$$RT\ln\frac{n_{H_2}}{\Sigma n_i}p + 2\lambda_H = 0 \tag{4-22}$$

O_2：
$$RT\ln\frac{n_{O_2}}{\Sigma n_i}p + 2\lambda_O = 0 \tag{4-23}$$

$$N_2: \qquad RT\ln\frac{n_{N_2}}{\Sigma n_i}p + 2\lambda_N = 0 \qquad (4\text{-}24)$$

$$C: \qquad\qquad \lambda_C = 0 \qquad (4\text{-}25)$$

$$n_{H_2O} + n_{CO} + n_{CO_2} + n_{H_2} + n_{O_2} + n_{N_2} = \Sigma n_i \qquad (4\text{-}26)$$

上列共有 12 个方程，而有 12 个未知数，即：

n_{CO}、n_{CO_2}、n_{H_2O}、n_{H_2}、n_{O_2}、n_{N_2}、Σn_i、n_C 及 λ_C、λ_O、λ_H、λ_N。

用计算机计算的结果为（n_i 保留到小数点后第 4 位）：

$$n_{CO} = 1.9646$$

$$n_{CO_2} = 0.0108$$

$$n_{H_2O} = 0.0139$$

$$n_{H_2} = 0.9861$$

$$n_{N_2} = 1.8800$$

$$n_{O_2} = 1.6900 \times 10^{-16}$$

$$\Sigma n_i = 4.8554$$

$$n_C = m - 1.9754$$

$$\lambda_H = -2088.8$$

$$\lambda_N = -3050.4$$

$$\lambda_O = 52008$$

$$\lambda_C = 0$$

其他温度的计算结果见表 4-3 和图 4-2。

表 4-3 煤气化系统气体成分计算值

$n_{O_2} = 0.5 mol$, $n_{N_2} = 1.88 mol$, $n_{H_2O} = 1 mol$, $p = 20 atm$

T/K	N_{H_2}	N_{CO}	N_{H_2O}	N_{CO_2}	N_{N_2}
1000	0.137	0.111	0.122	0.143	0.487
1100	0.169	0.225	0.069	0.091	0.446
1200	0.188	0.326	0.032	0.041	0.413
1300	0.197	0.378	0.014	0.015	0.396
1400	0.201	0.397	0.006	0.006	0.390
1500	0.203	0.405	0.003	0.002	0.387

注：表 4-3 中 N_i 乘以 100 即为 i 的体积百分数。

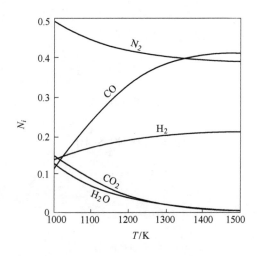

图 4-2 不同温度下气体的平衡组成图

表 4-4 给出气体总压对组成的影响。可以看出，降低气相总压可使 H_2O 及 CO_2 减少，这符合 Le Chatelier 原理。但

这种有利的影响并不太大。

表4-4 气相总压对气体成分的影响

$n_{O_2} = 0.5\text{mol}$, $n_{N_2} = 1.88\text{mol}$, $n_{H_2O} = 1\text{mol}$, $T = 1500\text{K}$

p/atm	N_{H_2}	N_{CO}	N_{H_2O}	N_{CO_2}	N_{N_2}	N_{O_2}
1	0.205	0.410	0.0001	0.0001	0.385	1.8×10^{-18}
5	0.204	0.409	0.0007	0.0006	0.386	8.9×10^{-18}
10	0.204	0.407	0.0014	0.0011	0.386	1.8×10^{-17}
20	0.203	0.405	0.0029	0.0022	0.387	3.5×10^{-17}

改变 H_2O 及 O_2 之比也将引起气体组成的变化。从表4-5可以看出，增加 H_2O/O_2 比，则增加气体含 H_2 的体积分数。

表4-5 水蒸气加入比例的影响

$p = 20\text{atm}$, $T = 1500\text{K}$

n_{H_2O}	n_{O_2}	n_{N_2}	N_{H_2}	N_{CO}	N_{H_2O}	N_{CO_2}	N_{N_2}	N_{O_2}
1	0.5	1.88	0.203	0.405	0.0029	0.0022	0.387	3.5×10^{-17}
0.5	0.5	1.88	0.128	0.382	0.0017	0.0020	0.486	3.1×10^{-17}
2	0.5	1.88	0.288	0.430	0.0043	0.0025	0.275	3.9×10^{-17}

体系的自由能最小原理法和平衡常数法实质上完全相同。式(4-14)～式(4-17)反映各物质原子的摩尔衡算（balance）关系，而式(4-19)～式(4-25)简化后可消掉 λ_k，得出三个平衡常数式与 $\Delta G^{\ominus}$ 的关系。C的活度等于1，不出现在气体反应的平衡常数式内，其量很多，所以式(4-17)和式(4-25)可不写出。因此，体系的自由能最小原理法实质上是将反应的平衡常数式拆散分写为若干独立式，以便于应用计

算机进行迭代法求解而已。

再举一个例子来阐明系统自由能最小原理法的优点。

反应（1）： $CH_4 + H_2O \rule[0.5ex]{3em}{0.4pt} CO + 3H_2$

$$-x \quad -x \quad\quad x \quad 3x$$

令 $x =$ 生成 CO 的摩尔数。

反应（2）： $CO + H_2O \rule[0.5ex]{3em}{0.4pt} CO_2 + H_2$

$$-y \quad -y \quad\quad y \quad y$$

令 $y =$ 生成 CO_2 的摩尔数。

已知：采用 $2mol\ CH_4$，$3mol\ H_2O$ 为反应气体原料，

$$p = 1atm, T = 1000K$$

$$\Delta_f G_{CH_4}^{\ominus} = 4610cal/mol$$

$$\Delta_f G_{H_2O}^{\ominus} = -46030cal/mol$$

$$\Delta_f G_{CO}^{\ominus} = -47940cal/mol$$

$$\Delta_f G_{CO_2}^{\ominus} = -94610cal/mol$$

根据反应式

$$n_{CH_4} = 2 - x$$

$$n_{H_2O} = 3 - x - y$$

$$n_{CO} = x - y$$

$$n_{CO_2} = y$$

$$n_{H_2} = 3x + y$$

$$\Sigma n_i = 5 + 2x$$

由于

$$p_i = \frac{n_i}{\Sigma n_i} p$$

所以

$$K_1 = \frac{n_{H_2}^3 n_{CO}}{n_{H_2O} n_{CH_4}} \cdot \frac{p^2}{(\Sigma n_i)^2}$$

$$K_2 = \frac{n_{H_2} n_{CO_2}}{n_{CO} n_{H_2O}}$$

也即

$$K_1 = \frac{(3x + y)^3 (x - y)}{(3 - x - y)(2 - x)(5 + 2x)^2}$$

$$K_2 = \frac{y(3x + y)}{(x - y)(3 - x - y)}$$

$$\Delta G_1^\ominus = -47940 + 46030 - 4610 = -6520 = -4.575 T \lg K_1$$

$$K_1 = 26.62$$

$$\Delta G_2^\ominus = -94610 + 47940 + 46030 = -640 = -4.575 T \lg K_2$$

$$K_2 = 1.38$$

可得

$$\frac{(3x + y)^3 (x - y)}{(3 - x - y)(2 - x)(5 + 2x)^2} = 26.62$$

$$\frac{y(3x + y)}{(x - y)(3 - x - y)} = 1.38$$

对上述带有四次方的联立方程式求解是相当麻烦而复杂的。

采用体系的自由能最小原理法可得出下列方程式：

$$n_{CH_4} + n_{CO} + n_{CO_2} - 2 = 0$$

$$n_{H_2O} + n_{CO} + 2n_{CO_2} - 3 = 0$$

$$4n_{CH_4} + 2n_{H_2O} + 2n_{H_2} - 14 = 0$$

$$4610 + RT \ln \frac{n_{CH_4}}{\Sigma n_i} + \lambda_C + 4\lambda_H = 0$$

$$-46130 + RT \ln \frac{n_{H_2O}}{\Sigma n_i} + 2\lambda_H + \lambda_O = 0$$

$$-47940 + RT\ln\frac{n_{CO}}{\Sigma n_i} + \lambda_C + \lambda_O = 0$$

$$-94610 + RT\ln\frac{n_{CO_2}}{\Sigma n_i} + \lambda_C + 2\lambda_O = 0$$

$$RT\ln\frac{n_{H_2}}{\Sigma n_i} + 2\lambda_H = 0$$

$$n_{CH_4} + n_{H_2O} + n_{CO} + n_{CO_2} + n_{H_2} = \Sigma n_i$$

计算机计算得出的结果为：

$$n_{CH_4} = 0.1722 \qquad N_{CH_4} = 0.0199$$

$$n_{H_2O} = 0.8611 \qquad N_{H_2O} = 0.0995$$

$$n_{CO} = 1.5172 \qquad N_{CO} = 0.1753$$

$$n_{CO_2} = 0.3017 \qquad N_{CO_2} = 0.0359$$

$$\underline{n_{H_2} = 5.7934} \qquad \underline{N_{H_2} = 0.6694}$$

$$\Sigma n_i = 8.6546 \qquad \Sigma N_i = 1.0000$$

$$\lambda_C = 1584, \lambda_O = 49874, \lambda_H = 399$$

$$CH_4 \text{ 的转化率} = \frac{2 - 0.1722}{2} = 91.4\%$$

$$\text{生成的 } CO = \frac{1.5172}{2} = 75.9\%$$

$$\text{生成的 } CO_2 = \frac{0.3107}{2} = 15.5\%$$

转化的 CH_4 生成无用的 CO_2 量占 $\frac{15.5}{91.4} = 17\%$，生成有

用的 CO 量占 $\frac{75.9}{91.4} = 83\%$，还生成大量有用的 H_2。

4.3 同类型的多反应的顺序及平衡

同类型的几个反应，其发生的顺序及达到的平衡组成取决于该反应的 ΔG；在一定程度下，后者的值取决于反应物质的活度（压力）。

以 Al、Si 脱氧为例来说明。

设钢水含氧量 0.05%，含 Si 1.2%，而含 Al 量则不同。试求一定温度下钢水平衡后的组成。

一般来讲，Al 的脱氧能力较 Si 为强。钢水的 [O] 先与 [Al] 结合，此乃因 [Al] 与 [O] 结合反应的 ΔG 的负值（图 4-3(a) 线 1）远比 [Si] 与 [O] 结合反应的 ΔG 的负值（图 4-3(a) 线 1′）的绝对值更大。当 [O] 量下降到一定值后，[Al] 与 [O] 反应的 ΔG 上移到线 2，而 [Si] 与 [O] 反应的 ΔG 上移到线 2′，由线 1 上升到线 2 的幅度要大于线 1′ 上升到线 2′ 的幅度，这是由于因脱氧导致 [Al] 减少，而 [Si] 量未有变动。继续脱氧则 [Al] 量继续下降，ΔG 线上升为线 3，同时 [Si] 的 ΔG 线上升为线 3′。此二线在一定温度相交，也即在该温度两个元素脱氧反应的 ΔG 相等，[Si] 开始可以和 [Al] 同时脱氧。ΔG 一直上升到线 4′ 及 4，在该温度其值为 0，也即达到最后的平衡组成。

脱氧计算时，[Al] 的初值按 0.02% 计算，温度取为 1600℃，计算采用的活度相互作用系数为：

$$e_{Si}^{Si} = 0.11 \qquad e_{Al}^{Al} = 0.045 \qquad e_{O}^{O} = -0.2$$
$$e_{Si}^{Al} = 0.058 \qquad e_{Al}^{Si} = 0.0056 \qquad e_{O}^{Si} = -0.131$$
$$e_{Si}^{O} = -0.23 \qquad e_{Al}^{O} = -6.6 \qquad e_{O}^{Al} = -3.9$$

$T = 1873\text{K}$，$a_{\text{Si}}a_{\text{O}}^2 = 2.2 \times 10^{-5}$，$a_{\text{Al}}^2 a_{\text{O}}^2 = 4.3 \times 10^{-14}$；数据采自：Turkdogan. Chem. Metallurgy. Iron and Steel，Symposium 1971：157。

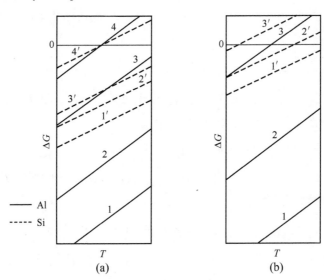

图 4-3   Al、Si 脱氧过程的 ΔG 值相对关系示意图

（a）Al 多；（b）Al 特多

计算的结果如表 4-6 所示，证实了上列的推论，即线 3 和线 3′ 的 ΔG 值在某一温度相等，硅和铝同时脱氧。$\Delta G = 0$，脱氧反应达到平衡。

表 4-6   脱氧过程计算结果

含量/%			f_i			ΔG	
Si	O	Al	Si	O	Al	$\dfrac{2}{3}RT\ln\dfrac{a_{\text{Al}}^2 a_{\text{O}}^3}{a_{\text{Al}}'^2 a_{\text{O}}'^3}$	$RT\ln\dfrac{a_{\text{Si}}a_{\text{O}}^2}{a_{\text{Si}}' a_{\text{O}}'^2}$
1.2	0.05	0.02	1.323	0.569	0.476	-26770	-15138

续表4-6

含量/%			f_i			ΔG	
Si	O	Al	Si	O	Al	$\dfrac{2}{3}RT\ln\dfrac{a_{Al}^2 a_O^3}{a_{Al}'^2 a_O'^3}$	$RT\ln\dfrac{a_{Si}a_O^2}{a_{Si}'a_O'^2}$
1.2	0.0367	0.005	1.330	0.655	0.582	-19635	-13903
1.2	0.0336	0.0015	1.332	0.676	0.610	-13467	-13481
1.1758	0.00538	0.000972	1.343	0.694	0.936	-7.2	-2.3
1.1751		0.0009711				0	0

当［Al］量过高时，有可能脱氧全部由［Al］完成，
而［Si］含量维持不变（参阅图4-3(b)及表4-7）。

表4-7 只被铝脱氧的过程（1873K）

含量/%			f_i			ΔG	
Si	O	Al	Si	O	Al	$\dfrac{2}{3}RT\ln\dfrac{a_{Al}^2 a_O^3}{a_{Al}'^2 a_O'^3}$	$RT\ln\dfrac{a_{Si}a_O^2}{a_{Si}'a_O'^2}$
1.2	0.05	0.1	1.338	0.227	0.480	-29439	-9821
1.2	0.01	0.055	1.358	0.432	0.877	-20636	-1048
1.2	0.000595	0.0444	1.363	0.467	1.011	-14	19203
		0.04428				0	

Al、Si 同时脱氧，当其脱氧反应自由能 ΔG 相等时，
Al、Si 含量的相互关系可由以下步骤求出：

$$\frac{4}{3}[Al] + 2[O] \Longrightarrow \frac{2}{3}Al_2O_3(s)$$

$$\Delta G = RT\ln\left(\frac{a_{Al}^2 a_O^3}{a_{Al}'^2 a_O'^3}\right)^{\frac{2}{3}}$$

$$\Delta G = RT\ln\left(\frac{4.3 \times 10^{-14}}{a_{Al}'^2 a_O'^3}\right)^{\frac{2}{3}}$$

$$Si + 2[O] \Longrightarrow SiO_2(s)$$

$$\Delta G = RT\ln\frac{a_{Si}a_O^2}{a_{Si}'a_O'^2}$$

$$\Delta G = RT\ln\frac{2.2 \times 10^{-5}}{a_{Si}'a_O'^2}$$

式中 a_i——物质 i 平衡时的活度；

a_i'——物质 i 实际的活度。

从上列两式可以导出 ΔG 相等时硅、铝活度关系：

$$a_{Al}' = (a_{Si}')^{3/4} \times 6.4553 \times 10^{-4} \tag{4-27}$$

式(4-27)适用于任何的含氧量（氧活度）。

当[Si] = 1.2%，符合式(4-27)而同时 Al、Si 脱氧反应均达到平衡时的钢水组成经计算，结果见表4-8。

表4-8 硅、铝脱氧计算结果

元素	含量/%	f_i	a_i	备 注
Si	1.2	1.351	1.621	$a_{Si}'a_O'^2 = 2.20 \times 10^{-5}$
Al	0.00099	0.936	0.000927	$a_{Al}'^2 a_O'^3 = 4.3 \times 10^{-14}$
O	0.005356	0.688	0.003685	

用式(4-27)同样可求得：$a_{Al} = 0.000927$。

若最初含氧量为0.05%，则剩余氧含量为：

$$0.05\% - 0.005356\% = 0.044644\%[O]$$

也即：$0.044644\% \times \dfrac{54}{48} = 0.05022\%[Al]$ 被消耗掉，生成

Al_2O_3。钢水最初的含 Al 量为:

$$0.05022\% + 0.00099\% \approx 0.051\%$$

因此,我们可以得出结论:对含 [Si] 1.2%, [O] 0.05% 的钢水,在 1873K 时, [Al] > 0.051% 时, [Al] 能脱氧而 [Si] 含量不变。

[Al] = 0.051% ~ 0.00099%, [Al] 可以先脱氧;待 [O] 达到一定量后,Al、Si 脱氧反应的 ΔG 相等,此时 [Al]、[Si] 同时脱氧。

如果 [Al] < 0.00099%,则 [Si] 能脱氧而 [Al] 含量不变。

计算钢水平衡后的组成和前面讲的一样,也可以采用平衡常数法或体系自由能最小原理法。

钢水最初组成为:

1.2% [Si], 0.05% [O], A% [Al](A 可给出不同的值), $T = 1873K$。

令 x 为由 Al 消耗掉的氧含量,[%O]; y 为由 Si 消耗掉的氧含量,[%O]。

$$2[Al] + 3[O] \Longrightarrow Al_2O_3$$

$\frac{2}{3}x \cdot \frac{27}{16}$ $\qquad$ x

$A - \frac{9}{8}x$ $\qquad$ $0.5 - x - y$

$$[Si] + 2[O] \Longrightarrow SiO_2$$

$\frac{y}{2} \cdot \frac{28}{16}$ $\qquad$ y

$1.2 - \frac{7}{8}y$ $\qquad$ $0.05 - x - y$

由平衡方程可得：

$$f_{Al}^2\left(A - \frac{9}{8}x\right)^2 f_O^3 (0.05 - x - y)^3 = 4.3 \times 10^{-14}$$

$$f_{Si}\left(1.2 - \frac{7}{8}y\right)f_O^2 (0.05 - x - y)^2 = 2.2 \times 10^{-5}$$

用上列两个联立方程式，可以解出 x 及 y，但非常复杂而麻烦，特别是 f_i 与钢水组成有关。我们必须先假定 f_i 为某一值，再进行求解或估算。

利用体系的总自由能最小原理法，借助于计算机，比较容易求解，并且非常迅速而又准确。

溶解自由能的热力学数据取自：J. F. Elliott, G. K. Sigworth. Metal Science. 1974, 8: 298, 具体如下：

$$Si(1) \longrightarrow [Si]$$

$$\Delta G^{\ominus} = -31430 - 4.12T; \quad \Delta G_{1873}^{\ominus} = -39147$$

$$Al(1) \longrightarrow [Al]$$

$$\Delta G^{\ominus} = -15100 - 6.67T; \quad \Delta G_{1873}^{\ominus} = -27593$$

$$\frac{1}{2}O_2 \longrightarrow [O]$$

$$\Delta G^{\ominus} = -28000 - 0.69T; \quad \Delta G_{1873}^{\ominus} = -29292$$

氧化物的生成自由能 $\Delta_f G^{\ominus}$ 根据脱氧常数可求出如下：

$$[Si] + 2[O] \Longrightarrow SiO_2(s)$$

$$\Delta G_{1873}^{\ominus} = RT\ln2.2 \times 10^{-5} = -39911 \text{cal}$$

$$\Delta_f G_{(SiO_2)}^{\ominus} = \Delta G_{1873}^{\ominus} + \Delta_f G_{[Si]}^{\ominus} + 2\Delta_f G_{[O]}^{\ominus}$$

$$= -39911 - 39147 - 58584$$

$$= -137642$$

$$2[Al] + 3[O] \rightleftharpoons Al_2O_3(s)$$

$$\Delta G_{1873}^{\ominus} = RT\ln 4.3 \times 10^{-14} = -114537\text{cal}$$

$$\Delta_f G_{(Al_2O_3)}^{\ominus} = \Delta G_{1873}^{\ominus} + 2\Delta_f G_{[Al]}^{\ominus} + 3\Delta_f G_{[O]}^{\ominus}$$

$$= -114537 - 55186 - 87876$$

$$= -257599$$

令 n_i 代表物质 i 的摩尔数，x_i 代表物质 i 的质量百分数，对于 Si：

$$n_{Si} + n_{SiO_2} = \frac{1.2}{28}$$

$$\frac{x_{Si}}{28} + \frac{x_{SiO_2}}{60} = \frac{1.2}{28}$$

得出

$$x_{Si} + \frac{7x_{SiO_2}}{15} = 1.2 \qquad (4-28)$$

对于 Al：

$$n_{Al} + 2n_{Al_2O_3} = n_{\Sigma Al}$$

$$\frac{x_{Al}}{27} + \frac{2x_{Al_2O_3}}{102} = \frac{A}{27}$$

得出

$$x_{Al} + \frac{9x_{Al_2O_3}}{17} = A \qquad (4-29)$$

对于 O：

$$n_O + 2n_{SiO_2} + 3n_{Al_2O_3} = \frac{0.05}{16}$$

$$\frac{x_O}{27} + \frac{2x_{SiO_2}}{60} + \frac{3x_{Al_2O_3}}{102} = \frac{0.05}{16}$$

得出
$$x_O + \frac{8x_{SiO_2}}{15} + \frac{8x_{Al_2O_3}}{17} = 0.05 \qquad (4-30)$$

热力学方程为:

$$-137642 + \lambda_{Si} + 2\lambda_O = 0 \qquad (4-31)$$

$$-257599 + 2\lambda_{Al} + 3\lambda_O = 0 \qquad (4-32)$$

$$-39147 + 8569\lg x_{Si} + 4.575 \times 1873 \times$$
$$(0.11x_{Si} - 0.23x_O + 0.058x_{Al}) + \lambda_{Si} = 0 \qquad (4-33)$$

$$-27593 + 8569\lg x_{Al} + 4.575 \times 1873 \times$$
$$(0.045x_{Al} - 6.6x_O + 0.0056x_{Si}) + \lambda_{Al} = 0 \qquad (4-34)$$

$$-29292 + 8569\lg x_O + 4.575 \times 1873 \times$$
$$(-0.20x_O - 0.131x_{Si} - 3.9x_{Al}) + \lambda_O = 0 \qquad (4-35)$$

计算时, 令 A 分别等于 0, 0.0005, 0.01, 0.02, 0.051, 0.07 及 0.1。

计算机的计算结果给我们很好的启示。在 $A = 0$, 0.0005 时, 计算结果给出 $x_{Al_2O_3}$ 为负值 (x_{Al} 值也大于给定值), 说明不能采用 Al、O 的平衡反应, 这完全符合我们上面理论推导的结论。在 $A = 0.07$, 0.1 时, 计算结果给出 x_{SiO_2} 为负值 (x_{Si} 值也大于给定值), 说明不能采用 Si、O 的平衡反应, 与我们上面理论上推导的结论完全相符。只有在 $A = 0.00099$ 到 0.051 范围内, 计算结果正常。这里说明计算机不只是一计算工具, 而且又是一推理工具。

在计算机程序中加入排斥 x_{i,O_y} 负值的指令 (即每当有负值的 x_{i,O_y} 出现时, 立即指令 $x_i = 0$, $x_{i,O_y} = 0$, 而且有 λ_i 的式子不予采用) 后, 计算结果完全正常。

表4-9 列出用 A 的 7 个值分别计算的结果。表4-10 则列出采用 f_{Si} 而 f_{Al} 与 f_O 假设为 1 的计算结果。可以看出，活度系数假定为 1 是不够准确的。

表 4-9　$T = 1873K$ 钢水脱氧情况

编号	元素	初含量/%	平衡后 残余/%	f_i	a_i	复核	备注
1	Si	1.2	1.1610	1.338	1.5534	$a_{Si}a_O^2 = 2.21\times10^{-5}$	—
	Al	0	0	—	—		
	O	0.05	0.00537	0.703	0.00377		
2	Si	1.2	1.1610	1.338	1.5534	$a_{Si}a_O^2 = 2.21\times10^{-5}$	Si 氧化,
	Al	0.0005	0.0005	0.935	0.000467	$a_{Al}^2 a_O^3 = 1.17\times10^{-14}$	Al 不变
	O	0.05	0.00538	0.700	0.00377		
3	Si	1.2	1.1680	1.341	1.5663	$a_{Si}a_O^2 = 2.20\times10^{-5}$	Al 先氧化,
	Al	0.01	0.000966	0.935	0.000903	$a_{Al}^2 a_O^3 = 4.30\times10^{-14}$	然后 Si、Al
	O	0.05	0.00539	0.695	0.000375	$a_{Al} = 0.000904$①	同时氧化
4	Si	1.2	1.1758	1.343	1.5791	$a_{Si}a_O^2 = 2.20\times10^{-5}$	Al 先氧化,
	Al	0.02	0.000972	0.936	0.000910	$a_{Al}^2 a_O^3 = 4.30\times10^{-14}$	然后 Si、Al
	O	0.05	0.00538	0.694	0.00373	$a_{Al} = 0.000909$①	同时氧化
5	Si	1.2	1.2	1.351	1.6212	$a_{Si}a_O^2 = 2.20\times10^{-5}$	Al 先氧化,
	Al	0.051	0.000991	0.936	0.000928	$a_{Al}^2 a_O^3 = 4.29\times10^{-14}$	Si 不氧化,
	O	0.05	0.00535	0.688	0.00368	$a_{Al} = 0.000927$①	但与 Al 达到平衡
6	Si	1.2	1.2	1.357	1.6284	$a_{Si}a_O^2 = 5.50\times10^{-7}$	Al 氧化,
	Al	0.07	0.0148	1.000	0.0148	$a_{Al}^2 a_O^3 = 4.30\times10^{-14}$	Si 不变
	O	0.05	0.000954	0.609	0.000581		
7	Si	1.2	1.2	1.363	1.6356	$a_{Si}a_O^2 = 1.26\times10^{-7}$	Al 氧化,
	Al	0.1	0.0444	1.011	0.04489	$a_{Al}^2 a_O^3 = 4.33\times10^{-14}$	Si 不变
	O	0.05	0.000595	0.467	0.000278		

①用 $a_{Al} = a_{Si}^{\frac{3}{4}}\times6.4553\times10^{-4}$ 复核。

表 4-10 活度系数简化后计算结果

编号	元素	最初含量 /%	平衡 后		
			残余量/%	f_i	复 核
I	Si	1.2	1.1595	1.34	
	Al	0	0	—	$a_{Si}a_O^2 = 2.20 \times 10^{-5}$
	O	0.05	0.00370	1	
II	Si	1.2	1.1595	1.34	$a_{Si}a_O^2 = 2.20 \times 10^{-5}$
	Al	0.0005	0.0005	1	
	O	0.05	0.00376	1	$a_{Al}^2 a_O^3 = 1.33 \times 10^{-14}$
III	Si	1.2	1.1666	1.34	$a_{Si}a_O^2 = 2.20 \times 10^{-5}$
	Al	0.01	0.000905	1	$a_{Al}^2 a_O^3 = 4.32 \times 10^{-14}$
	O	0.05	0.00375	1	$a_{Al} = 9.02 \times 10^{-4}$
IV	Si	1.2	1.1744	1.35	$a_{Si}a_O^2 = 2.21 \times 10^{-5}$
	Al	0.02	0.000910	1	$a_{Al}^2 a_O^3 = 4.30 \times 10^{-14}$
	O	0.05	0.00373	1	$a_{Al} = 9.12 \times 10^{-4}$
V	Si	1.2	1.2	1.35	$a_{Si}a_O^2 = 2.19 \times 10^{-5}$
	Al	0.053	0.000930	1	$a_{Al}^2 a_O^3 = 4.31 \times 10^{-14}$
	O	0.05	0.00368	1	$a_{Al} = 9.27 \times 10^{-4}$
VI	Si	1.2	1.2	1.35	$a_{Si}a_O^2 = 5.68 \times 10^{-7}$
	Al	0.07	0.0144	1	
	O	0.05	0.000592	1	$a_{Al}^2 a_O^3 = 4.30 \times 10^{-14}$
VII	Si	1.2	1.2	1.35	$a_{Si}a_O^2 = 1.28 \times 10^{-7}$
	Al	0.1	0.0441	1	
	O	0.05	0.000281	1	$a_{Al}^2 a_O^3 = 4.31 \times 10^{-14}$

5 热力学平衡稳定区图

利用化学反应的平衡关系可以给出热力学平衡稳定区图（thermodynamic stability diagram），也称热力学优势区图（thermodynamic predominance area diagram）。它表示由多种凝聚相物质与气相，或水溶液中各种物质（包括化合物、离子、配合物等）与气相相互间发生化学反应达到平衡时，各种物质存在的范围区。

5.1 化学反应的 $\lg K$ 对 $\frac{1}{T}$ 关系图

图 5-1 示出 Fe-S 系平衡图。

FeS 的分解反应式：

$$2FeS(s) \longrightarrow 2Fe(s) + S_2$$

$$\Delta G^{\ominus} = 72800 - 37.5T(cal/mol) \quad (5-1)$$

$$\lg K = \lg p_{S_2} = -\frac{15910}{T} + 8.20 \quad (5-2)$$

如采用合成反应式：

$$2Fe(s) + S_2 \Longrightarrow 2FeS(s)$$

$$\Delta G^{\ominus} = -72800 + 37.5T(cal/mol) \quad (5-3)$$

$$\lg K = \lg \frac{1}{p_{S_2}} = \frac{15910}{T} - 8.20$$

也可得到等同于式（5-2）的下列公式：

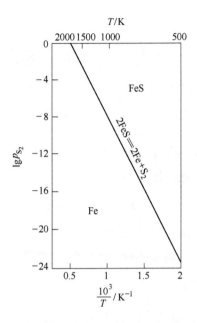

图 5-1 Fe-S 系平衡图

$$\lg p_{S_2} = -\frac{15910}{T} + 8.20 \qquad (5\text{-}4)$$

利用等温方程式可以判定，图 5-1 内直线以上半区是 FeS 稳定区。无论采用分解方程式或合成方程式都得到此结果。

采用分解反应式：

$$2FeS(s) \longrightarrow 2Fe(s) + S_2$$

$$\Delta G = \Delta G^{\ominus} + RT \ln p'_{S_2}$$

$$\Delta G = RT \ln \frac{p'_{S_2}}{p_{S_2}}$$

$$\Delta G = RT \ln \frac{J}{K}$$

式中 p'_{S_2}——实际的硫分压;

$\quad\quad p_{S_2}$——平衡硫分压。

图 5-1 中右上区任何一点的 p'_{S_2} 都比同温度下的 p_{S_2} 大,因之 ΔG 是正值,FeS 不能分解因而是稳定的。

采用合成反应式:

$$2Fe(s) + S_2 \xrightarrow{\quad\quad} 2FeS(s); \quad \Delta G = \Delta G^{\ominus} + RT\ln\frac{1}{p'_{S_2}}$$

$$\Delta G = RT\ln\frac{p_{S_2}}{p'_{S_2}}$$

由于图 5-1 中 $p_{S_2} < p'_{S_2}$,所以 ΔG 是负值,合成反应能向右进行,因而 FeS 是稳定的。

图 5-1 内直线表示 FeS 合成及分解达到平衡,直线对应的 p_{S_2} 是平衡硫分压。

同理可以证明直线下方左半区是 Fe 的稳定区。

图 5-1 未考虑 FeS 的熔化,所以不够严格。

图 5-2 是 Ni-O 系平衡图,则考虑了反应物质的相变。

$$2Ni(s) + O_2 \xrightarrow{\quad\quad} 2NiO(s)$$

$$\lg p_{O_2} = -\frac{24920}{T} + 8.81 \, (298 \sim 1725K)$$

$$2Ni(l) + O_2 \xrightarrow{\quad\quad} 2NiO(s)$$

$$\lg p_{O_2} = -\frac{23890}{T} + 8.22 \, (1725 \sim 2257K)$$

$$2Ni(l) + O_2 \xrightarrow{\quad\quad} 2NiO(l)$$

$$\lg p_{O_2} = -\frac{24640}{T} + 8.55 \, (2257 \sim 2500K)$$

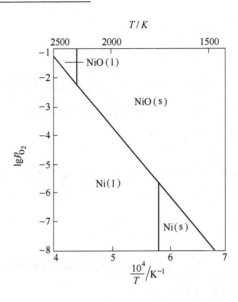

图 5-2　Ni-O 系平衡图

图 5-3 绘出 FeO + CO =Fe + CO₂ 反应的 $\lg \dfrac{p_{CO_2}}{p_{CO}}$ 即 $\lg K$ 对

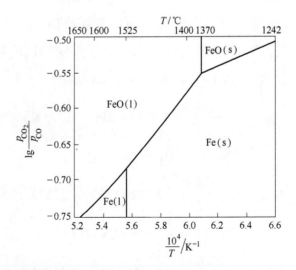

图 5-3　FeO + CO =Fe + CO₂ 反应的平衡图

$\dfrac{1}{T}$的关系图，Fe 及 FeO的液固态稳定区均分别表示出来。

5.2 化学反应的 lg$K$ 对 lgp_{O_2}关系图

用 CO/CO_2 混合气体还原 MoO_2，其热力学数据为：

$$Mo(s) + O_2 = MoO_2(s); \quad \Delta G^{\ominus} = -137900 + 40.2T$$

$$\Delta G^{\ominus}_{1400} = -81620cal$$

$$2Mo(s) + C = Mo_2C(s); \quad \Delta G^{\ominus} = -12000 - 1.5T$$

$$\Delta G^{\ominus}_{1400} = -14100cal$$

$$C(s) + \frac{1}{2}O_2 = CO; \qquad \Delta G^{\ominus} = -26760 - 21.0T$$

$$\Delta G^{\ominus}_{1400} = -56160cal$$

$$C(s) + O_2 = CO_2; \qquad \Delta G^{\ominus} = -94260 - 0.3T$$

$$\Delta G^{\ominus}_{1400} = -94680cal$$

$$Mo_2C + CO_2 = 2Mo + 2CO; \quad \Delta G^{\ominus}_{1400} = -3540cal$$

$$\lg K = \lg \frac{p_{CO}^2}{p_{CO_2}} = 0.55 \qquad (5\text{-}5)$$

图 5-4 给出 MoO_2 还原反应在 1400K 时 lg$K$ 和氧位的关系。图 5-4 中线 a 代表式 (5-5)。

氧化钼的分解

$$Mo + O_2 = MoO_2; \quad \Delta G^{\ominus}_{1400} = -81620cal$$

$$\lg K = \lg \frac{1}{p_{O_2}} = 12.74$$

$$\lg p_{O_2} = -12.74 \qquad (5\text{-}6)$$

图 5-4 中线 b 代表式 (5-6)。

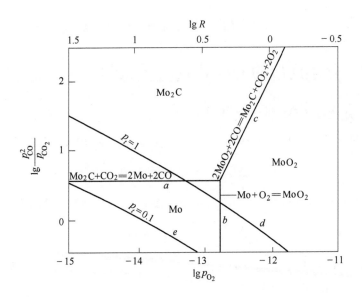

图 5-4　Mo-C-O 系 1400K 的平衡图

$$2MoO_2 + 2CO \Longrightarrow Mo_2C + CO_2 + 2O_2 ; \quad \Delta G_{1400}^{\ominus} = 166780\text{cal}$$

$$\lg K = \lg \frac{p_{CO_2} p_{O_2}^2}{p_{CO}^2} = -26.04$$

$$\lg \frac{p_{CO}^2}{p_{CO_2}} = 2\lg p_{O_2} + 26.04 \tag{5-7}$$

图 5-4 中 c 线代表式 (5-7)。

三个区内稳定相分别示于图 5-4 中。

令 $R = \dfrac{p_{CO}}{p_{CO_2}}$。图 5-4 的横坐标也可用 $\lg R$ 标注，$\lg R$ 与 $\lg p_{O_2}$ 的关系式如下：

$$CO_2 \Longrightarrow CO + \frac{1}{2}O_2 ; \quad \Delta G_{1400}^{\ominus} = 38520\text{cal}$$

$$lgK = lg\frac{p_{CO}p_{O_2}^{\frac{1}{2}}}{p_{CO_2}} = -6.01$$

$$lgR = -\frac{1}{2}lgp_{O_2} - 6.01 \tag{5-8}$$

由式（5-8）求出对应于某一 lgp_{O_2} 的 lgR 值，可标注在图 5-4 上方的横坐标。

可以看出，欲还原 MoO_2 生成 Mo 而不是 Mo_2C，其条件是：

$$lgp_{O_2} < -12.74 \quad 或 \quad lgR > 0.36$$

而且

$$lg\frac{p_{CO}^2}{p_{CO_2}} < 0.55$$

如何体现后一要求呢？

令

$$p_t = p_{CO} + p_{CO_2}$$

可以证明：$\dfrac{p_{CO}^2}{p_{CO_2}} = \dfrac{R^2 p_t}{R+1}$

$$lg\frac{p_{CO}^2}{p_{CO_2}} = 2lgR - lg(R+1) + lgp_t \tag{5-9}$$

令 p_t 分别为 1atm 及 0.1atm，代入式（5-9）作 $lg\dfrac{p_{CO}^2}{p_{CO_2}}$ 对 R 的曲线，得线 $d(p_t = 1atm)$ 及线 $e(p_t = 0.1atm)$。线 d 只有小部分在 Mo 区之内。说明如在常压下进行还原，欲防止 Mo_2C 产生，则只有在较窄的 CO/CO_2 比的范围内操作。但如果在 0.1atm 的真空下操作，则 lgR 比的范围则可以自 0.5 到 1.5 变动而保证无 Mo_2C 产生。这说明了在 1400K 温度采用真空操作的优越性。

5.3 $\lg p_{SO_2}$ 对 $\lg p_{O_2}$ 关系图（又称 Kellogg 图）

这类图对硫化物矿的焙烧提供有利的参数。下面提出一个多金属硫化矿选择性硫酸化焙烧的例子。在一定温度及废气组成下焙烧矿石，可使 Fe 死烧为 Fe_2O_3，而 Cu、Ni、Co 保持为硫酸物。水浸焙砂可使后三种金属硫酸物溶于水，再通过电解或其他方法使三种金属相互分离。

图 5-5 是 $CoSO_4$ 分解平衡图，分解式为：

$$CoSO_4 = CoO + SO_2 + \frac{1}{2}O_2$$

经计算，1000K 的 $\lg K = -3.52$，则：

$$K = p_{SO_2} \cdot p_{O_2}^{\frac{1}{2}}$$

$$\lg p_{SO_2} = -\frac{1}{2}\lg p_{O_2} - 3.52 \tag{5-10}$$

图 5-5 绘出式（5-10）所表示的直线。

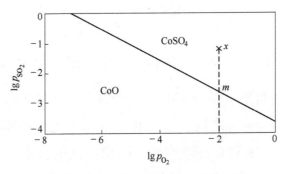

图 5-5 $CoSO_4$ 分解平衡图（1000K）

在直线上的 m 点，其 $\lg p_{O_2} = -2$，其 $\lg p_{SO_2}$ 必然地等于

-2.52。在 x 点处, $\lg p_{O_2} = -2$, 而其 $\lg p_{SO_2} = -1$。

由于
$$\Delta G = RT\ln \frac{J}{K}$$

式中, $\ln J = (-1) + \dfrac{1}{2}(-2) = -2$, 而 $\ln K = -3.52$。

显然
$$J > K$$

可见 ΔG 是正值, 说明 $CoSO_4$ 分解的反应不能进行, 因之直线上方是 $CoSO_4$ 稳定区。同样, 可证明直线下方是 CoO 的稳定区。

图 5-6、图 5-7、图 5-8 是 Cu、Ni、Co、Fe 硫化矿硫酸化焙烧平衡图, 其温度分别为 600℃、727℃及 900℃。

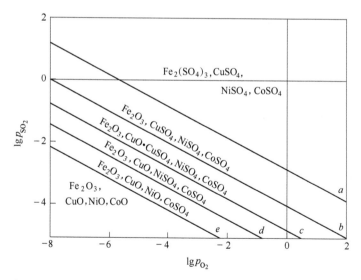

图 5-6　多金属硫化矿硫酸化焙烧平衡图 (600℃)

图 5-6 ~ 图 5-8 中线 $a \sim e$ 表示下列的反应:

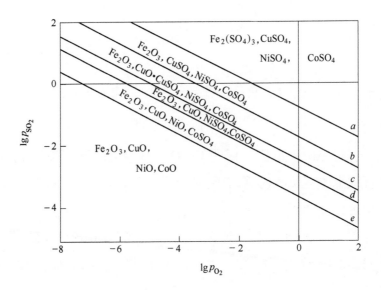

图 5-7 多金属硫化矿硫酸化焙烧平衡图（727℃）

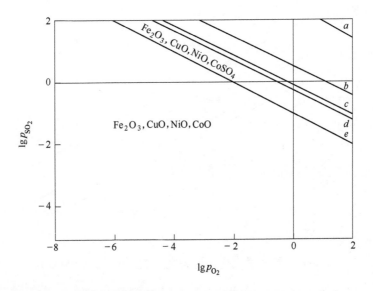

图 5-8 多金属硫化矿硫酸化焙烧平衡图（900℃）

$$\frac{1}{3}Fe_2(SO_4)_3 = \frac{1}{3}Fe_2O_3 + SO_2 + \frac{1}{2}O_2（线\ a）$$

$$2CuSO_4 = CuO \cdot CuSO_4 + SO_2 + \frac{1}{2}O_2（线\ b）$$

$$CuO \cdot CuSO_4 = 2CuO + SO_2 + \frac{1}{2}O_2（线\ c）$$

$$NiSO_4 = NiO + SO_2 + \frac{1}{2}O_2（线\ d）$$

$$CoSO_4 = CoO + SO_2 + \frac{1}{2}O_2（线\ e）$$

可以看出，欲使 Fe 和 Cu、Ni、Co 分离，p_{SO_2} 及 p_{O_2} 值必须在 a、b 两线区域之间。由于焙烧经常在常压下进行，$\lg p_{SO_2}$ 及 $\lg p_{O_2}$ 必然均小于 0，因而 $\lg p_{SO_2}$ 及 $\lg p_{O_2}$ 大于 0 的区域毋庸考虑。一般流态化焙烧，气体中含 SO_2 均为 10% ~ 15%，而灶式焙烧炉的气体含 SO_2 为 4% ~6%。

设焙烧气体含 SO_2 3% ~10%，其 $\lg p_{SO_2}$ 在 -1 ~ -1.5 范围之内。设焙烧气体剩余 O_2 量为2% ~3%，则 $\lg p_{O_2}$ 在 -1.5 ~ -1.7 范围之内，比较图5-6 ~ 图5-8，可以得出结论，欲达到去除 Fe 的选择性焙烧，最适宜的焙烧温度应为 650 ~700℃。

上面三个图只分析一个针对硫酸物的分解反应，欲包括 M-S-O 系的其他反应，则可绘制一随温度变化的多相平衡图，见图5-9。

图5-9 中线 a~g 代表的反应为：

$$Ni + \frac{1}{2}O_2 = NiO（线\ a）$$

$$Ni_3S_2 + 2O_2 = 3Ni + 2SO_2 (线\,b)$$

$$3NiS + O_2 = Ni_3S_2 + SO_2 (线\,c)$$

$$Ni_3S_2 + \frac{7}{2}O_2 = 3NiO + 2SO_2 (线\,d)$$

$$NiS + \frac{3}{2}O_2 = NiO + SO_2 (线\,e)$$

$$NiO + SO_2 + \frac{1}{2}O_2 = NiSO_4 (线\,f)$$

$$NiS + 2O_2 = NiSO_4 (线\,g)$$

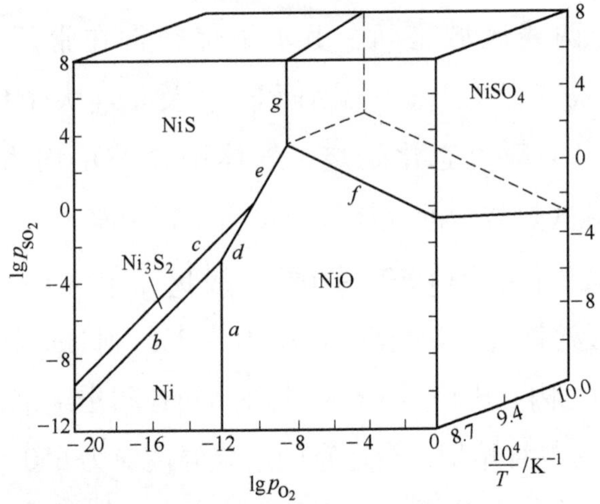

图 5-9　Ni-S-O 系平衡图（1000~1150K）

5.4　电位 E 对 pH 关系图（Pourbaix 图）

此类图对分析研究湿法冶金中水溶液浸取矿石及金属在水溶液中的腐蚀行为很有用。图 5-10 为 Fe-H_2O 系 E 对 pH

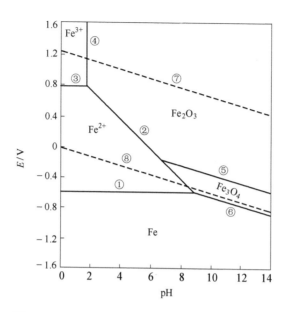

图 5-10 Fe-H_2O 系 E 对 pH 关系图（25℃）

关系图。线①表示 Fe 转变为 Fe^{2+} 的反应。

$$Fe^{2+} + 2e \Longrightarrow Fe; \quad \Delta G_{298}^{\ominus} = 20300\,cal$$

$$-nEF = \Delta G = \Delta G^{\ominus} + RT\ln\frac{1}{a_{Fe^{2+}}}$$

所以
$$E = E^{\ominus} - \frac{RT}{2F}\ln\frac{1}{a_{Fe^{2+}}}$$

$$E^{\ominus} = \frac{\Delta G^{\ominus}}{-2F} = \frac{-20300}{2 \times 23060} = -0.44$$

$$E = -0.44 + \frac{0.0591}{2}\lg a_{Fe^{2+}}$$

如令 $a_{Fe^{2+}} = 10^{-6}M$（即 1L 水中 Fe^{2+} 浓度为 $10^{-6}mol$），

$$E = -0.44 - 3 \times 0.0591 = -0.62V \tag{5-11}$$

线②表示 Fe^{2+} 与 Fe_2O_3 的相互反应：

$$Fe_2O_3 + 6H^+ + 2e \Longrightarrow 2Fe^{2+} + 3H_2O; \quad \Delta G_{298}^{\ominus} = -33600\,cal$$

$$\Delta G = \Delta G^{\ominus} + RT\ln \frac{a_{Fe^{2+}}^2}{a_{H^+}^6}$$

所以 $E = E^{\ominus} - \dfrac{4.575 \times 298}{2 \times 23060}(2\lg a_{Fe^{2+}} - 6\lg a_{H^+})$

$$E = 0.73 - \frac{0.0591}{2}(2\lg a_{Fe^{2+}} - 6pH)$$

当 $a_{Fe^{2+}} = 10^{-6}M$，简化得到：

$$E = 1.08 - 0.177pH \qquad (5-12)$$

线③表示 Fe^{2+} 与 Fe^{3+} 间的相互反应：

$$Fe^{3+} + e \Longrightarrow Fe^{2+}; \quad \Delta G_{298}^{\ominus} = -17800cal$$

当 $a_{Fe^{2+}} = a_{Fe^{3+}}$，

$$E = 0.77V \qquad (5-13)$$

线④表示 Fe^{3+} 与 Fe_2O_3 的相互作用，无电子传递：

$$2Fe^{3+} + 3H_2O \Longrightarrow Fe_2O_3 + 6H^+; \quad \Delta G_{298}^{\ominus} = -19000cal$$

$$(5-14)$$

可以求出：当 $a_{Fe^{3+}} = 10^{-6}M$ 时，pH = 1.8。

线⑤表示 Fe_2O_3 及 Fe_3O_4 的相互反应：

$$3Fe_2O_3 + 2H^+ + 2e \Longrightarrow 2Fe_3O_4 + H_2O; \quad \Delta G_{298}^{\ominus} = -10200cal$$

可以求出：

$$E = 0.221 - 0.0591pH \qquad (5-15)$$

线⑥表示 Fe 与 Fe_3O_4 的相互反应：

$$Fe_3O_4 + 8H^+ + 8e \Longrightarrow 3Fe + 4H_2O; \quad \Delta G_{298}^{\ominus} = 15600cal$$

可以求出：

$$E = -0.0846 - 0.0591pH \qquad (5-16)$$

线⑦表示 O_2 与 H_2O 的反应，只有在线⑦之上才有可能产生 O_2：

$$O_2 + 4H^+ + 4e = 2H_2O; \quad \Delta G_{298}^{\ominus} = -113380cal$$

可以求出：

$$E = 1.229 - 0.0591pH \tag{5-17}$$

线⑧是 H^+ 的电极反应，在线⑧之下即能产生 H_2：

$$2H^+ + 2e = H_2; \quad \Delta G_{298}^{\ominus} = 0$$

所以
$$E = -0.0591pH \tag{5-18}$$

线①以下区在含 Fe^{2+} 为 $10^{-6}M$ 之下时，一般都认为 Fe 不受腐蚀，可以称此区为"免蚀区"，即不能被腐蚀的区域（见图5-11）；线①、②及④间的区域是 Fe 的腐蚀区；而线②、④的右方区则是"钝化区"，Fe 表面由一层氧化物膜覆盖而不受腐蚀。

由于线⑧在线①之上，说明在此两线间的区域 Fe 在水中能够溶解而放出 H_2。在 pH > 9.4 时，Fe_3O_4 膜生成，使金属表面受到保护，在线⑧与⑥之间不会产生 H_2。

图5-11 示意平衡状态下的腐蚀行为。但通常金属的腐蚀很少在平衡状态下进行，而且水中经常会有其他杂质离子，因之实际的腐蚀情况远比图5-11 所表示的复杂得多。同时该图是热力学状态平衡图，对腐蚀速度无法提供信息。

所有的热力学平衡稳定区图，无论是上面叙述的简单类型，或更复杂的包括有复杂离子或络合物的复杂图形，现在在储存有热力学数据库条件下，均能用计算机自动地描绘出来。

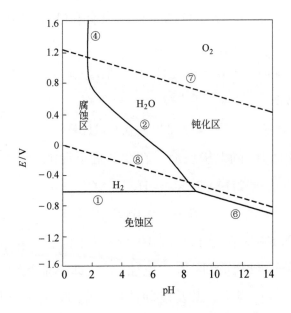

图 5-11 Fe 在水中的腐蚀行为

⑥ 微观动力学及宏观动力学

众所周知，化学热力学能解决研究化学反应的方向性及平衡态问题。而化学动力学则解决研究化学反应的速度及机理问题。单纯地从分子理论微观地研究反应的速度及机理称之为"微观动力学"（microkinetics）。一般的物理化学书籍中谈到的化学动力学属于微观动力学的范畴。但结合反应装置（即反应器）在伴有物质流动、传质及传热条件下宏观地研究反应的速度及机理则称之为"宏观动力学"（macrokinetics）。冶金过程动力学即属于宏观动力学的范畴。此种分为微观及宏观动力学的提法是 1957 年由 Van Krevelen 在第一次欧洲化学工程学讨论会上提出来的。

冶金过程动力学不仅研究带有化学反应的化学过程动力学，还研究单纯物理过程的动力学，例如凝固过程动力学以及物质的相变动力学。

6.1 反应速度及反应级数

有下列反应：

$$\nu_1 A_1 + \nu_2 A_2 + \cdots \longrightarrow \nu'_1 A'_1 + \nu'_2 A'_2 + \cdots \qquad (6\text{-}1)$$

式中 ν_i——物质 A_i 的计量系数。

取 n_i 代表 A_i 的物质的量（摩尔数），

由于
$$\frac{dn_2}{dn_1} = \frac{\nu_2}{\nu_1} \qquad \frac{dn'_2}{dn'_1} = \frac{\nu'_2}{\nu'_1}$$

也即
$$\frac{dn_1}{\nu_1} = \frac{dn_2}{\nu_2} \qquad \frac{dn'_1}{\nu'_1} = \frac{dn'_2}{\nu'_2}$$

令
$$\frac{dn_i}{\nu_i} = d\xi$$

式中 ξ——反应进行的程度或反应进行度（extent or degree of reaction）。

由于产物的 ν'_i 为正，而反应物的 ν_i 为负，

所以
$$\frac{dn_1}{-\nu_1} = \frac{dn_2}{-\nu_2} = \frac{dn'_1}{\nu'_1} = \frac{dn'_2}{\nu'_2} = \cdots$$

令
$$r = \frac{d\xi}{dt}$$

式中 r——反应速度（速率）。

$$r = \frac{d\xi}{dt} = -\frac{1}{\nu_1}\frac{dn_1}{dt} = -\frac{1}{\nu_2}\frac{dn_2}{dt} = \frac{1}{\nu'_1}\frac{dn'_1}{dt} = \frac{1}{\nu'_2}\frac{dn'_2}{dt} = \cdots$$

如反应进行时体系的体积 $\overline{V}$ 不随时间变化，则反应速度可用浓度 C_i 表示：

$$C_i = \frac{n_i}{\overline{V}}$$

也即

$$r = \frac{d\xi}{dt} = -\frac{\overline{V}}{\nu_1}\frac{dC_1}{dt} = -\frac{\overline{V}}{\nu_2}\frac{dC_2}{dt} = \frac{\overline{V}}{\nu'_1}\frac{dC'_1}{dt} = \frac{\overline{V}}{\nu'_2}\frac{dC'_2}{dt}\cdots$$

以 $N_2 + 3H_2 \rightarrow 2NH_3$ 为例，

则
$$-\frac{dC_{N_2}}{dt} = -\frac{1}{3}\frac{dC_{H_2}}{dt} = \frac{1}{2}\frac{dC_{NH_3}}{dt}$$

根据质量作用定律，式（6-1）的 r_A：

$$r_{A_1} = -\frac{dC_{A_1}}{dt} = kC_{A_1}^{\nu_1}C_{A_2}^{\nu_2} \qquad (6\text{-}2)$$

式中，k 称为反应速度常数（或比反应速度）$\nu_1 + \nu_2$ 值称为反应级数。其值如为 0，则称为零级反应，为 1 则称为一级反应，为 2 则称为二级反应等等。一般反应级数很少高于三级，而且有的反应其反应级数并非整数。

式（6-2）中浓度的指数若和反应式的计量比的和一致，此种反应称为基元反应（elementary reaction），它严格服从质量作用定律，只按该反应式一步完成，没有任何中间步骤。但更多的反应是几步反应的综合式，其反应级数不与物质的计量比之和一致：

$$-\frac{dC_{A_1}}{dt} = kC_{A_1}^{m}C_{A_2}^{n}; \quad m \neq \nu_1, \quad n \neq \nu_2$$

反应级数 $= m + n \neq \nu_1 + \nu_2$

由非基元反应的反应速度常数的对数值与温度倒数求出的活化能则称为"表观活化能"。

6.2 反应机理

反应速度受温度、压力、化学组成及结构等因素的影响；对宏观动力学而言则尚受物质流动的动量传递、物质扩散及热量传递的影响。当反应的条件变化时，反应进行的步骤即途径，也即反应的机理发生变化。同一类型的反应可能有不同的反应机理，因而有不同的反应速度方程式。

表 6-1 内 HBr 的反应速度式是化学动力学一个典型例子，在 1907 年即被研究者由实验发现，但一直到 13 年之后，才有人采用稳态法（steady state method）提出表内所列的机理。所谓稳态法是：中间产物在反应开始其浓度为零，但在很短时期后，其浓度趋于稳定而达到稳态，也即产生的

表 6-1 同类型反应的不同机理

化学反应	反应机理	反应速度方程式
$H_2 + Cl_2 \rightarrow 2HCl$	$Cl_2 \xrightarrow{k_1} 2Cl$ $Cl + H_2 \xrightarrow{k_2} HCl + H$ $H + Cl_2 \xrightarrow{k_3} HCl + Cl$ $2Cl \xrightarrow{k_4} Cl_2$	$\dfrac{dC_{HCl}}{dt} = kC_{H_2}C_{Cl_2}^{1/2}$
$H_2 + Br_2 \rightarrow 2HBr$	$Br_2 \xrightarrow{k_1} 2Br$ $Br + H_2 \xrightarrow{k_2} HBr + H$ $H + Br_2 \xrightarrow{k_3} HBr + Br$ $H + HBr \xrightarrow{k_4} H_2 + Br$ $2Br \xrightarrow{k_5} Br_2$	$\dfrac{dC_{HBr}}{dt} = \dfrac{kC_{H_2}C_{Br_2}^{1/2}}{1 + k'\dfrac{C_{HBr}}{C_{Br_2}}}$
$H_2 + I_2 \rightarrow 2HI$	① $H_2 + I_2 \longrightarrow 2HI$ ② $I_2 \underset{k_2}{\overset{k_1}{\rightleftharpoons}} 2I$ $H_2 + 2I \xrightarrow{k_3} 2HI$	$\dfrac{dC_{HI}}{dt} = kC_{H_2}C_{I_2}$ $\dfrac{dC_{HI}}{dt} = kC_{H_2}C_{I_2}$

量等于消耗的量，其 $\dfrac{\mathrm{d}C_i}{\mathrm{d}t} = 0$。该反应速度式可推导如下：

$$\frac{\mathrm{d}C_{HBr}}{\mathrm{d}t} = k_2 C_{Br} C_{H_2} + k_3 C_H C_{Br_2} - k_4 C_H C_{HBr} \tag{6-3}$$

$$\frac{\mathrm{d}C_{Br}}{\mathrm{d}t} = 2k_1 C_{Br_2} - k_2 C_{Br} C_{H_2} + k_3 C_H C_{Br_2} + k_4 C_H C_{HBr} - 2k_5 C_{Br}^2 = 0 \tag{6-4}$$

$$\frac{\mathrm{d}C_H}{\mathrm{d}t} = k_2 C_{Br} C_{H_2} - k_3 C_H C_{Br_2} - k_4 C_H C_{HBr} = 0 \tag{6-5}$$

式(6-4)+式(6-5)得：

$$2k_1 C_{Br_2} - 2k_5 C_{Br}^2 = 0 \tag{6-6}$$

因之

$$C_{Br} = \left(\frac{k_1}{k_5}\right)^{1/2} C_{Br_2}^{1/2} \tag{6-7}$$

代入式（6-5）得：

$$C_H = \frac{k_2 (k_1/k_5)^{1/2} C_{H_2} C_{Br_2}^{1/2}}{k_3 C_{Br_2} + k_4 C_{HBr}} \tag{6-8}$$

将式（6-7）及式（6-8）代入式（6-3），最后得出：

$$\frac{\mathrm{d}C_{HBr}}{\mathrm{d}t} = \frac{2k_2 (k_1/k_5)^{1/2} C_{H_2} C_{Br_2}^{1/2}}{1 + \dfrac{k_4 C_{HBr}}{k_3 C_{Br_2}}} \tag{6-9}$$

$$\frac{\mathrm{d}C_{HBr}}{\mathrm{d}t} = \frac{k C_{H_2} C_{Br_2}^{1/2}}{1 + k' \dfrac{C_{HBr}}{C_{Br_2}}} \tag{6-10}$$

式（6-10）中，

$$k = 2k_2 (k_1/k_5)^{1/2}$$

$$k' = k_4/k_3$$

如果 $k'(C_{HBr}/C_{Br_2}) \ll 1$，则生成 HBr 的总化学反应级数为：3/2。

6.3　反应速度常数及反应级数的确定

反应速度常数及反应级数的确定通常有两种方法：

（1）积分法。将实验数据（各时间的相应浓度）代入一级、二级、三级等积分公式中计算出反应速度常数 k。若代入某式，在各浓度下所求的 k 值为常数，该公式的级数也就是该反应级数。表 6-2 列出一些反应的积分公式。

其中，对反应：$A \longrightarrow P$

$$t = 0, \quad C_A = C_A^0, \quad C_P = 0$$

$$t = t, \quad C_P = x, \quad C_A = C_A^0 - x$$

表 6-2　反应速度及反应级数

反应式	反应级数	微分式	积分式
$A \to P$	0	$\dfrac{dx}{dt} = k$	$x = kt$
$A \to P$	1	$\dfrac{dx}{dt} = k(C_A^0 - x)$	$\ln \dfrac{C_A^0}{C_A^0 - x} = kt$
$2A \to P$	2	$\dfrac{dx}{dt} = k(C_A^0 - x)^2$	$\dfrac{x}{C_A^0(C_A^0 - x)} = kt$
$A + B \to P$	2	$\dfrac{dx}{dt} = k(C_A^0 - x)(C_B^0 - x)$	$\dfrac{1}{C_B^0 - C_A^0} \ln \dfrac{C_A^0(C_B^0 - x)}{C_B^0(C_A^0 - x)} = kt$

续表 6-2

反应式	反应级数	微 分 式	积 分 式
$3A \rightarrow P$	3	$\dfrac{dx}{dt} = k(C_A^0 - x)^3$	$\dfrac{2C_A^0 x - x^2}{(C_A^0)^2(C_A^0 - x)^2} = 2kt$
$A + B + C$ $\rightarrow P$	3	$\dfrac{dx}{dt} = k(C_A^0 - x)(C_B^0 - x)$ $(C_C^0 - x)$	$\dfrac{C_A^0 - C_B^0}{D}\ln\dfrac{C_C^0}{C_C^0 - x} + \dfrac{C_B^0 - C_C^0}{D}\ln\dfrac{C_A^0}{C_A^0 - x}$ $+ \dfrac{C_C^0 - C_A^0}{D}\ln\dfrac{C_B^0}{C_B^0 - x} = kt$

注: $D = C_A^0 C_B^0(C_A^0 - C_B^0) + C_A^0 C_C^0(C_C^0 - C_A^0) + C_B^0 C_C^0(C_B^0 - C_C^0)$。

（2）微分法。设反应式为：

$$A + B \longrightarrow P$$

$$t = 0, \quad C_P = 0, \quad C_A = C_A^0, \quad C_B = C_B^0$$

$$t = t, \quad C_P = x, \quad C_A = C_A^0 - x, \quad C_B = C_B^0 - x$$

$$r = \frac{dx}{dt} = k(C_A^0 - x)^m(C_B^0 - x)^n$$

绘制 x 对 t 图，在不同 t 对应的曲线上作切线，后者的斜率就是反应速度。

考虑两种情况：

1）B 的浓度和 A 的浓度相比是非常的大，可认为 $(C_B^0 - x) \approx C_B^0$，是常数。

$$r = \frac{dx}{dt} = k'(C_A^0 - x)^m$$

$$\lg r = m\lg(C_A^0 - x) + \lg k'$$

作 $\lg r$ 对 $\lg(C_A^0 - x)$ 图，其直线的斜率是反应级数 m，而其截距则是反应速度常数 k'。

2）A 和 B 的开始浓度相同，

$$\nu = \frac{\mathrm{d}x}{\mathrm{d}t} = k(C_A^0 - x)^p$$

式中，$p = m + n$。

$$\lg\nu = p\lg(C_A^0 - x) + \lg k$$

同样作 $\lg\nu$ 对 $\lg(C_A^0 - x)$ 图，直线斜率是反应级数 p，而截距则是反应速度常数 k。

求出不同温度的 k，即可作图求出活化能：

$$k = A\mathrm{e}^{-E/RT}$$

$$\ln k = \ln A - \frac{E}{R} \cdot \frac{1}{T}$$

式中，E 为活化能；A 为频率因子，常数；R 为气体常数。

活化能反映分子进行反应时的阻力。活化能越大，则能参加反应的活化分子数越少，而反应速度就越慢。

总之，化学动力学分析研究不同类型的化学反应的机理。这些反应有单向反应、可逆反应、并行反应、连续反应、自动催化反应、连锁（包括直链和支链）反应等。研究的反应绝大部分是均相的气体或水溶液反应，小部分是多相反应，例如有催化剂参加的气-固相反应。

对溶液反应，如溶质浓度高，则应采用活度以代浓度。

6.4　冶金过程动力学

冶金过程动力学属于宏观动力学的范畴，为提高冶金过程的冶炼强度，缩短冶炼时间，促进冶金工业自动化，探讨和开发可行的冶金新技术及新流程，冶金过程动力学是很重要的研究手段。

冶金过程通常是在高温、多相（气、液、固）存在和有流体传质传热及动量传递情况下极其复杂的物理和化学过程。从分子理论研究化学动力学自 1850 年开始，已有百余年的历史；但应用于冶金过程的宏观动力学自 20 世纪 50 年代才开始发展，只有二三十年的历史，所以还很不成熟。

表 6-3 列举了冶金过程常见的多相反应，反应或过程经常在界面进行。由于冶金反应大多数为界面反应，所以反应机理比较复杂。

表6-3　冶金过程的多相反应

界　面	过程或反应的类型	实　例	
气-固		物理过程	
	$G = G_s$	吸附或解析	
		化学过程	
	$S_1 + G \rightarrow S_2$	金属的氧化 $Fe(s) + 1/2O_2 = FeO(s)$	
	$S_1 \rightarrow S_2 + G$	碳酸物或硫酸物焙解 $FeS_2 \rightarrow FeS + 1/2S_2$	
	$S_1 + G \rightarrow S_2 + G_2$	硫化物或氧化物的气体还原 $FeO + CO \rightarrow Fe + CO_2$ $FeS + H_2 \rightarrow Fe + H_2S$	
液-固		物理过程	
	$S = L$	凝固或熔化	
	$S + L_1 = L_2$	溶解或再结晶	
		化学过程	
	$S + L_1 \rightarrow L_2$	浸　取	

界 面	过程或反应的类型	实 例
液-固	$S_1 + L_1 \rightarrow S_2 + L_2$	金属沉淀 $CuSO_4 + Fe \rightarrow Cu + FeSO_4$
	$S_1 + L_1 \Longrightarrow S_2 + L_2$	离子交换
固-固	物理过程	
	$S_1 \Longrightarrow S_2$	烧结中的相变
	化学过程	
	$S_1 + S_2 \rightarrow S_3 + G$	氧化物的碳还原 $FeO + C \Longrightarrow Fe + CO$
	$S_1 + S_2 \rightarrow S_3 + S_4$	氧化物或氯化物的金属还原 $(3/2)MoO_2 + 2Al \rightarrow Al_2O_3 + (3/2)Mo$
气-液	物理过程	
	$L \Longrightarrow G$	蒸发或凝结
	$L_1 + G \Longrightarrow L_2$	气体溶于液体,脱气或蒸馏
	化学过程	
	$L_1 + G_1 \Longrightarrow L_2 + G_2$	氧气炼钢脱碳,气体喷射冶金
液-液	物理过程	
	$L_1 \Longrightarrow L_2$	萃 取
	化学过程	
	$L_1 \Longrightarrow L_2$	金属液-熔渣反应
气-固-液	化学过程	
	$L_1 + G_1 + S \rightarrow L_2 + G_2$	气、固体料喷射冶金

注:S表示固相;L表示液相;G表示气相。

炼钢脱碳反应如写为:

$$[C] + [O] \Longrightarrow CO$$

则反应似乎是二级反应,但实际则不然。脱碳速度随吹炼阶段而变化,大部分脱碳反应在钢液-熔渣界面上进行,特别是当有大量金属熔滴与熔渣的乳化体存在的时候(见表6-4)。

表6-4 氧气顶吹转炉炼钢的脱碳反应速度

吹炼阶段	脱碳速度	备　注
初　期	$-\dfrac{d[\%C]}{dt} = k_1 t$	与吹炼时间成正比
中　期	$-\dfrac{d[\%C]}{dt} = k_2$	零级反应
末　期	$-\dfrac{d[\%C]}{dt} = k_3[\%C]$	一级反应

不同炼钢方法也有不同的脱碳速度（见表6-5）。

表6-5 不同炼钢方法的脱碳速度

冶炼方法	条　件	脱碳速度	
		$\dfrac{d[C]}{dt}/\%C \cdot h^{-1}$	$r_C/mol \cdot (cm^2 \cdot s)^{-1}$
碱性平炉	正常沸腾	0.15	8.5×10^{-6}
碱性平炉	猛烈的矿石沸腾	0.50	3×10^{-5}
碱性平炉	石灰沸腾	0.30	2×10^{-5}
电弧炉(70t)	正常沸腾	0.15	1.3×10^{-5}
电弧炉(70t)	吹　氧	1.5	1.3×10^{-4}
贝塞麦法	空气底吹	22	1.6×10^{-3}
LD(35t)	顶　吹	17	2×10^{-3}
LD-OCP(26t)	顶吹（石灰粉）	14	2×10^{-3}
卡尔多炉(27t)	氧气斜吹	6	1×10^{-3}

冶金过程动力学除涉及多相反应过程外，尚有下列特点应该注意：

（1）反应速度有更多不同的表示方法；

$$\frac{\mathrm{d}C_i}{\mathrm{d}t} \quad \mathrm{mol/(cm^3 \cdot s)} \quad 或 \quad \mathrm{g/(cm^3 \cdot s)}$$

或 $\dfrac{\mathrm{d}n_i}{\mathrm{d}t}$ mol/s

$$\frac{1}{V}\frac{\mathrm{d}n_i}{\mathrm{d}t} \quad \mathrm{mol/(cm^3 \cdot s)}$$

式中 V——流体体积，适用于均相反应；

$$\frac{1}{W}\frac{\mathrm{d}n_i}{\mathrm{d}t} \quad \mathrm{mol/(g \cdot s)}$$

W——固体重量，适用于气-固或者液-固反应；

$$\frac{1}{S}\frac{\mathrm{d}n_i}{\mathrm{d}t} \quad \mathrm{mol/(cm^2 \cdot s)}$$

S——界面面积，适用于气-液或者液-固反应；

$$\frac{1}{V_s}\frac{\mathrm{d}n_i}{\mathrm{d}t} \quad \mathrm{mol/(cm^3 \cdot s)}$$

V_s——固体体积，适用于气-固反应；

$$\frac{1}{V_R}\frac{\mathrm{d}n_i}{\mathrm{d}t} \quad \mathrm{mol/(cm^3 \cdot s)}$$

V_R——反应器体积；

$$\frac{\mathrm{d}[\%i]}{\mathrm{d}t} \quad 1/s$$

最后一种表示法常用于炼钢过程中的液-液反应。

(2) 冶金过程动力学不着重研究均相内部的反应速度（称为 intrinsic rate of reaction），而更多地研究全部过程的综合速度（称为 global 或 overall rate of reaction）。

（3）冶金过程动力学不着重研究化学反应的步骤（机理），而着重研究整个多相反应过程中控制速度的环节。为使某一反应进行，必须将参加反应的物质传送到反应进行的地点（相界面），在那里发生反应，并使反应产物尽快地排除而离开界面。其中速度最慢的步骤称为控制步骤或限制环节。研究反应速度的目的首先要弄清在各种条件下反应进行的步骤，导出反应速度方程式；分析研究控制反应速度的限制环节，从而提出措施控制而改进实际操作。

6.5　传递现象与边界层

任何流体（气体或液体）由于分子激烈运动，其内部的浓度是均匀的。但当流体与另一液体或固体接触时，根据边界层理论，它的分子向相界面扩散受到阻力，界面上的浓度 C_i 和流体内部的浓度 C_∞ 有较大差异。浓度随离相界面的距离 x 的变化见图 6-1。有浓度变化的这一层称为浓度边界层 δ_C，在此层内产生物质传递（简称传质）的阻力。

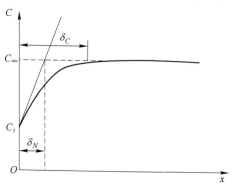

图 6-1　浓度随离相界面的距离 x 的变化

设 $\dot{n}$（即 $\dfrac{dn}{dt}$）代表传质速度，即单位时间传递的物质的摩尔数（mol/s）。j 代表传递通量，即单位时间内通过垂直于传质方向 x 的单位面积的物质摩尔数（mol/（$cm^2 \cdot s$））。如 A 代表面积，显然地，$j = \dfrac{1}{A}\dfrac{dn}{dt}$。

根据 Fick 第一定律：

$$j = -D\frac{\partial C}{\partial x}$$

式中，D 为物质的扩散系数，cm^2/s；$\dfrac{\partial C}{\partial x}$ 为物质沿 x 方向的浓度梯度（物质是沿与 x 相反的方向传递）。图6-1 中 δ_C 是浓度边界层。但有效浓度边界层 δ_N 更方便于计算，δ_N 的定义是：

$$\delta_N = -\frac{C_\infty - C_i}{\left(\dfrac{\partial C}{\partial x}\right)_{x=0}}$$

从 Fick 第一定律可以证明：

$$j = \frac{D}{\delta_N}(C_\infty - C_i)$$

令

$$\beta = \frac{D}{\delta_N}$$

则

$$j = \beta(C_\infty - C_i)$$

式中，β 为传质系数，cm/s；β^{-1} 代表物质在相界面的传质阻力。

当流体沿固体平行流动，或两个密度悬殊的液体相对运动时，在相界面产生摩擦，生成速度边界层。在界面处流体的速度为零（图6-2）。

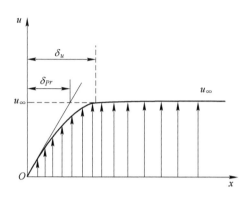

图6-2 流速随离壁面距离 x 的变化

根据牛顿黏度定律，摩擦力 K_F（可认为是动量传递速度）与流体的黏度有关：

$$\frac{K_F}{A} = \tau = \eta\,\frac{\partial u}{\partial x}$$

式中　τ——剪切应力，N/m^2 或 $g/(cm \cdot s^2)$，可认为是动量传递通量；

　　　η——黏度系数，$g/(cm \cdot s)$ 或 $Pa \cdot s$；

　　　$\dfrac{\partial u}{\partial x}$——流体沿 x 方向的速度梯度。

设 δ_{Pr} 也就是有效速度边界层：

$$\tau = \frac{\eta}{\delta_{Pr}}u_\infty$$

可以看出，τ 是每单位相界面积每秒流体传递的动量，u_∞ 是动量传递的动力，δ_{Pr}/η 意味着有动量传递的阻力。

对流传热现象，当流动的气体或液体接触固体时，对流传热发生，在流体内部的温度 T_∞ 和固体表面的温度 T_i 不同，在固体表面附近形成一温度边界层 δ_T，其传热通量按下式表示（固体向外散热）：

$$q = \frac{\lambda}{\delta_T}(T_i - T_\infty)$$

$$q = \alpha(T_i - T_\infty)$$

式中　λ——固体物料的热导率，J/(m·s·K)或 cal/(cm·s·℃)；

δ_T——温度边界层，cm；

α——传热系数，J/(m^2·s·K)或 cal/(cm^2·s·℃)。

上列三种传递现象是按照稳定状态，即浓度、速度及温度梯度不随时间变化情况下进行分析的。在非稳定状况下，应采用相应的二阶偏微分方程式在已知的边界条件下进行求解。表6-6列出了三种传递现象相互比较的关系。表6-7列出三种边界层的相互关系。一些常用的无量纲准数（或称特征数）见表6-8。

表6-6　三种传递现象相互比较

传递方式	传递速度（即传递流）	传递通量（即传递流密度）	稳态下定律	边界层	传递公式	传递系数
物质传递	传质速度，即物质流 $\dot{n}$ (mol/s)	传质通量 j $j = \dfrac{\dot{n}}{A}$ (mol/(cm^2·s))	Fick 第一定律 $j =$ $-D\dfrac{\partial C}{\partial x}$	δ_N	$j = \dfrac{D}{\delta_N}(C_\infty - C_i)$ $j = \beta(C_\infty - C_i)$	传质系数 $\beta = \dfrac{D}{\delta_N}$ (cm/s)

传递方式	传递速度（即传递流）	传递通量（即传递流密度）	稳态下定律	边界层	传递公式	传递系数
热量传递	传热速度，即热流 $\dot{q}$ （cal/s）	传热通量，即热流密度 $q = \dfrac{\dot{q}}{A}$ （cal/(cm²·s)）	Fourier第一定律 $q = -\lambda \dfrac{\partial T}{\partial x}$	δ_T	$q = \alpha(T_i - T_\infty)$ $q = \dfrac{\lambda}{\delta_T}(T_i - T_\infty)$	传热系数 $\alpha = \dfrac{\lambda}{\delta_T}$ （cal/(cm²·s·K)）
动量传递	动量传递速度，即动量流或摩擦力 K_F （g·cm/s²）	动量传递通量，即剪切应力 $\tau = \dfrac{K_F}{A}$ （g/(cm·s²)）	牛顿黏度定律 $\tau = \eta \dfrac{\partial u}{\partial x}$	δ_{Pr}	$\tau = \dfrac{\eta}{\delta_{Pr}} u_\infty$	

表6-7 流体平行流经平板的传质及传热

方　式	近似公式	较准确的公式（平均值）
层流传质	$\dfrac{\delta_u}{\delta_C} = 1.026 Sc^{\frac{1}{3}}$	$Sh_l = 0.664 Sc^{0.343} Re^{0.5}$
强制对流传热	$\dfrac{\delta_u}{\delta_T} = 1.026 Pr^{\frac{1}{3}}$	$Nu_l = 0.664 Pr^{0.343} Re^{0.5}$

表6-8 无量纲准数（特征数）举例

无量纲准数	公　式	符　号
Reynolds 数，Re，雷诺数	$\dfrac{ul\rho}{\eta}$	u——速度，cm/s； l——特征长度，cm； ρ——流体密度，g/cm³
Schmidt 数，Sc，施密特数	$\dfrac{\eta}{\rho D}$	η——流体黏度系数，g/(cm·s)

无量纲准数	公 式	符 号
Sherwood 数, Sh,舍武德数	$\dfrac{\beta l}{D} = \dfrac{l}{\delta_C}$	D——扩散系数,$\mathrm{cm^2/s}$; β——传质系数,$\mathrm{cm/s}$; δ_C——浓度边界层,cm
Prandtl 数,Pr,普朗特数	$\dfrac{C_p \eta}{\lambda}$	C_p——流体的比热(热容), $\mathrm{cal/(g \cdot ℃)}$; λ——热导率,$\mathrm{cal/(cm \cdot s \cdot ℃)}$
Nusselt 数,Nu,努赛尔数	$\dfrac{\alpha l}{\lambda} = \dfrac{l}{\delta_T}$	α——传热系数,$\mathrm{cal/(cm^2 \cdot s \cdot ℃)}$; δ_T——温度边界层,cm

为什么引用无量纲准数?

好多重要的动力学参数,如扩散系数、边界层、传质系数、传热系数、黏度系数等等,一部分可由理论推导求出,绝大部分须由实验求出其相互关系。引用无量纲准数,则可使未知的参数数目减少。Π 定理指出,当利用量纲分析时,如果未知参数数目为 n,而采用的量纲数为 r,则待求的准数数为 $n-r$。用下面例子说明此定理。

设影响气-液的物质交换的因素为:

扩散系数 D $\mathrm{cm^2/s}$;

气体流速 u $\mathrm{cm/s}$;

绕流长度 l cm;

浓度差 ΔC $\mathrm{mol/cm^3}$, $\mathrm{g/cm^3}$;

物质流密度(即传质通量) j $\mathrm{mol/(cm^2 \cdot s)}$ 或 $\mathrm{g/(cm^2 \cdot s)}$。

所用基本单位:长度 L,质量 M,时间 T。

考虑方程式内各量的量纲关系具有如下形式，例如自由落体运动：

$$s = \frac{1}{2}gt^2$$

$$1 = \frac{1}{2}\frac{gt^2}{s}$$

$$1 = L^{1-1} \cdot T^{2-2}$$

$$1 = L^0 \cdot T^0$$

所以物理公式中基本单位的量纲指数均等于零。对于传质流，各影响物质交换参数的量纲列成表6-9。

表6-9　影响参数的量纲

基本单位	D	u	l	ΔC	j
M	0	0	0	1	1
L	2	1	1	-3	-2
T	-1	-1	0	0	-1

$$\Pi = D^\alpha u^\beta l^\gamma \Delta C^\delta j^\varepsilon$$

$$1 = (L^{2\alpha}T^{-\alpha})(L^\beta T^{-\beta})L^\gamma(M^\delta L^{-3\delta})(M^\varepsilon L^{-2\varepsilon}T^{-\varepsilon})$$

$$1 = L^{2\alpha+\beta+\gamma-3\delta-2\varepsilon}T^{-\alpha-\beta-\varepsilon}M^{\delta+\varepsilon}$$

根据上列考虑：

$$2\alpha + \beta + \gamma - 3\delta - 2\varepsilon = 0$$

$$-\alpha - \beta - \varepsilon = 0$$

$$\delta + \varepsilon = 0$$

所以 $\qquad\qquad \delta = -\varepsilon$

$$\alpha = -\beta - \varepsilon$$

$$\gamma = \beta + \varepsilon$$

所以 $\qquad \Pi = D^{-\beta-\varepsilon} \cdot u^{\beta} \cdot l^{\beta+\varepsilon} \cdot \Delta C^{-\varepsilon} \cdot j^{\varepsilon}$

$$\Pi = \left(\frac{ul}{D}\right)^{\beta}\left(\frac{jl}{\Delta CD}\right)^{\varepsilon}$$

令 $\qquad\qquad\qquad \Pi' = \Pi^{1/\varepsilon}$

$$\Pi' = \left(\frac{ul}{D}\right)^{\beta/\varepsilon}\left(\frac{jl}{\Delta CD}\right)$$

$$\beta' = -\frac{\beta}{\varepsilon}$$

所以 $\qquad\qquad \frac{jl}{\Delta CD} = \Pi'\left(\frac{ul}{D}\right)^{\beta'}$

上式左方是一无量纲数，右方亦然。这里证明，原来 5 个参数，现在变成 5 − 3 = 2 个，即 Π' 及 β' 两个变数待求出。

根据实验可以求出：

$$\Pi' = \frac{2}{\sqrt{\pi}}, \quad \beta' = \frac{1}{2}$$

也即：

$$\frac{jl}{\Delta CD} = \frac{2}{\sqrt{\pi}}\left(\frac{ul}{D}\right)^{1/2}$$

$$\frac{\beta l}{D} = \frac{2}{\sqrt{\pi}}\left(\frac{ul}{D}\right)^{1/2} \qquad\qquad (6\text{-}11)$$

也即：
$$\beta = 2\sqrt{\frac{uD}{\pi l}} \tag{6-12}$$

式（6-12）实际上是 Higbie 渗透理论推导出的传质系数公式。

式（6-11）中 $\frac{\beta l}{D}$ 是 Sherwood 数，而 $\frac{ul}{D}$ 是 Bodenstein 数（Bo）。

$$\frac{ul}{D} = \frac{ul\rho}{\eta} \cdot \frac{\eta}{\rho D}$$

所以　　　　　　　　$Bo = Re \cdot Sc$

因之，式（6-11）可换写为：

$$Sh = \frac{2}{\sqrt{\pi}} Sc^{1/2} Re^{1/2} \tag{6-13}$$

6.6　反应的综合速度式

写出反应的综合速度式，便可分析控制反应速度的限制环节。

（1）准稳态处理法。一个串联反应进行一段时间之后，各个步骤的反应速度经过相互调整，从而达到各个步骤的速度相等。这时，反应中间产物的浓度和各点的浓度相对稳定，这一状态称为稳态。但实际上，真正绝对的稳态是不存在的。我们在较短时间内把过程看作稳态，谓之准稳态处理法。

以液-液相双膜理论为例：

物质传递过程如图 6-3 所示，有三步骤：

1）反应物因对流和扩散向反应界面移动；

2）在反应界面进行化学反应或物质分配；

3）反应产物从反应界面离开而向内部移动。

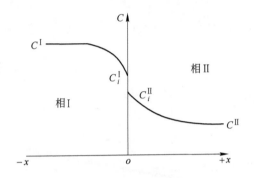

图 6-3　传质双膜理论示意图

在相界面双边均有边界层，故称为双膜理论。

从相Ⅰ内部向相界面的传质通量 j^{I}，即每单位面积的传质速度为：

$$j^{\mathrm{I}} = \beta^{\mathrm{I}} (C^{\mathrm{I}} - C_i^{\mathrm{I}})$$

式中，β^{I} 是相Ⅰ的传质系数，cm/s。

设在相界面发生的化学反应（或分配过程）为一级反应，则在单位面积发生的反应速度为：

$$j^i = k_+ C_i^{\mathrm{I}} - k_- C_i^{\mathrm{II}}$$

式中，k_+、k_- 分别代表正、逆反应的速度常数，cm/s。

由于平衡常数

$$K = \frac{(C_i^{\mathrm{II}})_{平衡}}{(C_i^{\mathrm{I}})_{平衡}} = \frac{k_+}{k_-}$$

所以

$$j^i = k_+ \left(C_i^{\mathrm{I}} - \frac{C_i^{\mathrm{II}}}{K} \right)$$

自相界面向相 II 内部的传质通量 j^{II} 为：

$$j^{\mathrm{II}} = \beta^{\mathrm{II}} (C_i^{\mathrm{II}} - C^{\mathrm{II}})$$

式中，β^{II} 为相 II 中的传质系数。

$$j^{\mathrm{I}} = j^i = j^{\mathrm{II}} = j$$

所以

$$\frac{j}{\beta^{\mathrm{I}}} = C^{\mathrm{I}} - C_i^{\mathrm{I}}$$

$$\frac{j}{k_+} = C_i^{\mathrm{I}} - \frac{C_i^{\mathrm{II}}}{K}$$

$$\frac{j}{K\beta^{\mathrm{II}}} = \frac{C_i^{\mathrm{II}}}{K} - \frac{C^{\mathrm{II}}}{K}$$

三式相加，得

$$j = \frac{C^{\mathrm{I}} - \dfrac{C^{\mathrm{II}}}{K}}{\dfrac{1}{\beta^{\mathrm{I}}} + \dfrac{1}{k_+} + \dfrac{1}{K\beta^{\mathrm{II}}}} \tag{6-14}$$

式中，右边分子是传质过程的动力，而分母代表三种阻力。一般界面的化学反应的 k_+ 值较大，所以阻力 $\dfrac{1}{k_+}$ 可忽视。一般来讲，当界面反应的表观活化能大于 200 ~ 250kcal/mol（800 ~ 1000kJ/mol）时，化学反应才有可能成为总过程速度的限制环节，而大多数的冶金界面反应的表观活化能不超过 60kcal/mol（250kJ/mol）。

有人提出界面两侧的扩散传质的阻力与该二相的扩散系数及黏度系数有关。从金属液向熔渣的传质而论，其关系为：

$$\frac{\beta_M}{\beta_S} \approx \left(\frac{\nu_S}{\nu_M}\right)^{0.5} \left(\frac{D_M}{D_S}\right)^{0.7}$$

式中　ν——运动黏度系数；

　　　M——金属液；

　　　S——熔渣。

该式可换写为：

$$\frac{\beta_M}{\beta_S} \approx \left(\frac{\eta_S}{\rho_S}\frac{\rho_M}{\eta_M}\right)^{0.5} \left(\frac{D_M}{D_S}\right)^{0.7} \tag{6-15}$$

钢液黏度 $\eta_M = 2.5cP(2.5mPa \cdot s)$，熔渣黏度 $= 20cP$ $(20mPa \cdot s)$，有时可达到 $2P(0.2Pa \cdot s)$；钢液密度 $\rho_M = 7.2g/cm^3(7200kg/m^3)$，熔渣密度 $\rho_S = 3.5g/cm^3(3500kg/m^3)$，而且组元在钢液中的扩散系数 $D_M = 10^{-4} \sim 10^{-5}cm^2/s(10^{-8} \sim 10^{-9}m^2/s)$，组元在熔渣中的扩散系数 $D_S = 10^{-6} \sim 10^{-7}cm^2/s$ $(10^{-10} \sim 10^{-11}m^2/s)$。代入上式得：

$$\frac{\beta_M}{\beta_S} \approx 20 \sim 100$$

当 $\dfrac{1}{\beta_M} \ll \dfrac{1}{K\beta_M}$ 或 $K \ll \dfrac{\beta_M}{\beta_S}$，也即当 $K \ll 20 \sim 100$ 时，反应过程的总速度由熔渣的传质速度所决定。而当 $K \gg 20 \sim 100$ 时，则反应过程的总速度由钢液中的传质速度所决定。但请注意，此平衡常数 K 中所含组元浓度 C 的单位是 mol/cm^3。

利用稳态处理法同样地可列出气-固相反应的未反应核

模型的综合速度式。以铁矿石还原反应为例:

$$Fe_3O_4 + 4CO \stackrel{}{=\!=\!=} 3Fe + 4CO_2$$

设球形矿石或球团矿还原时,反应区域由表面等速向中心推进,反应前后球团的体积不变,而还原气体通过多孔的产物向内扩散。

当反应界面的化学反应是一级反应,则还原过程的总速度式为(见图6-4):

$$\dot{n} = \frac{4\pi r_0^2 (C_0 - C^*)}{\dfrac{1}{\beta_g} + \dfrac{r_0(r_0 - r)}{D_{有效} \cdot r} + \dfrac{K}{k(1 + K)} \dfrac{r_0^2}{r^2}} \tag{6-16}$$

式中 $\dot{n}$——总反应速度,mol/s;

r_0——球团半径,cm;

r——未反应核的半径,cm;

C_0——气体内部还原气体的浓度,mol/cm³;

C^*——同气体产物相平衡的还原气体的浓度,mol/cm³;

β_g——通过气体边界层的传质系数,cm/s;

k——前进反应的速度常数,cm/s;

K——反应的平衡常数;

$D_{有效}$——有效扩散系数,cm²/s。

有效扩散系数可按 $D_{有效} = \varepsilon \xi D$ 式求得,其中 D 为还原气体在自由空间的扩散系数,ε 为产物层的气孔率,而 ξ 是迷宫度系数;因为产物层的气孔不是直通的,而是像迷宫一样错综分布,还原气体在产物层中的扩散途径要比直线距离长

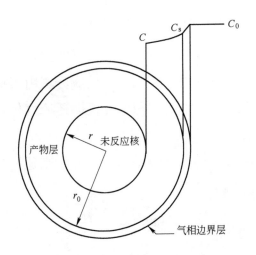

图 6-4　气-固反应的未反应核模型

得多，所以用 ξ 加以修正。

式（6-16）中，分母第一项代表通过气相边界层的阻力；第二项代表还原气体通过固体多孔产物层的内扩散阻力；第三项为界面化学反应的阻力。这些阻力的相对大小，随着矿石的性质、种类及反应条件而变化。

铁矿石还原、石灰石焙解、硫化矿焙烧、煤的燃烧等均可按未反应核模型进行分析。矿石浸取的缩核模型也与未反应核模型颇相似。

（2）虚设最大速度处理法（virtual maximum rate method）。图 6-5 所示为渣-钢界面反应：

$$(Fe^{2+}) + [Mn] \Longrightarrow (Mn^{2+}) + [Fe]$$

反应的平衡常数为：

$$K = \frac{C^*_{[Fe]} C^*_{(Mn^{2+})}}{C^*_{(Fe^{2+})} C^*_{[Mn]}}$$

$$C^*_{[Mn]} = \frac{C^*_{[Fe]}C^*_{(Mn^{2+})}}{KC^*_{(Fe^{2+})}}$$

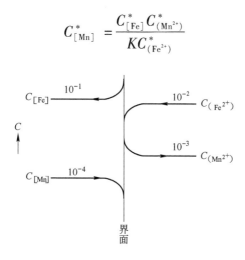

图6-5 渣-钢界面锰的氧化还原反应

1) 假定金属［Mn］向相界面扩散为控制环节，正在进行扩散的组元传质速度达到最大时，其余组元界面浓度等于相内部浓度：

$$C^*_{[Mn]} = \frac{C_{[Fe]}C_{(Mn^{2+})}}{KC_{(Fe^{2+})}}$$

可以看出，在此规定条件下，$C^*_{[Mn]}$为最小。

由于

$$J = \frac{C_{[Fe]}C_{(Mn^{2+})}}{C_{(Fe^{2+})}C_{[Mn]}}$$

所以

$$C^*_{[Mn]} = \frac{J}{K}C_{[Mn]}$$

因之

$$\dot{n}_{[Mn]} = A\frac{D_{[Mn]}}{\delta_{[Mn]}}C_{[Mn]}\left(1 - \frac{J}{K}\right) \qquad (6\text{-}17)$$

必须指出，式（6-17）计算的结果是［Mn］扩散的最大速度。

2）渣中（Fe^{2+}）向相界面扩散：

$$\dot{n}_{(Fe^{2+})} = A\frac{D_{(Fe^{2+})}}{\delta_{(Fe^{2+})}}C_{(Fe^{2+})}\left(1 - \frac{J}{K}\right) \qquad (6-18)$$

3）在相界面完成下列反应：

$$[Mn] - 2e \longrightarrow (Mn^{2+})$$

$$(Fe^{2+}) + 2e \longrightarrow [Fe]$$

4）（Mn^{2+}）从相界面向渣相内部扩散：

$$\dot{n}_{(Mn^{2+})} = A\frac{D_{(Mn^{2+})}}{\delta_{(Mn^{2+})}}C_{(Mn^{2+})}\left(\frac{K}{J} - 1\right) \qquad (6-19)$$

5）Fe 原子从相界面向金属液内部扩散：

$$\dot{n}_{[Fe]} = A\frac{D_{[Fe]}}{\delta_{[Fe]}}C_{[Fe]}\left(\frac{K}{J} - 1\right) \qquad (6-20)$$

有人根据下列数据：20%（FeO），5%（MnO），0.2% [Mn]，按式（6-17）~式（6-20）进行计算，其结果见表6-10。

表 6-10　Mn 氧化还原反应的虚设最大速度

步骤	A/cm^2	$D/cm^2 \cdot s^{-1}$	δ/cm	$C/mol \cdot cm^{-3}$	$\frac{J}{K}$	$\frac{K}{J}$	$\dot{n}/mol \cdot s^{-1}$
1	1.5×10^5	10^{-4}	0.003	2.55×10^{-4}	0.42	—	0.74（Mn 向界面）
2	1.5×10^5	10^{-6}	0.012	1.00×10^{-2}	0.42	—	0.072（Fe^{2+} 向界面）
3	1.5×10^5	10^{-6}	0.012	2.45×10^{-3}	—	2.4	0.043（Mn^{2+} 向内部）
4	1.5×10^5	10^{-4}	0.003	1.25×10^{-1}	—	2.4	880（Fe 向内部）

从上列计算可以看出，炉渣内组元的扩散是速度的限制环节。

（3）非稳态处理法。利用 Fick 第二定律处理物质的扩散速度，判定熔体内部随时间而变化，即

$$C_i(x,0) = C_i^0$$

$$C_i(x,t) = C_i^b$$

而
$$C_i^0 \neq C_i^b$$

这种处理方法比较正确，但很复杂，尚在发展中。

7 冶金过程动力学与冶金反应工程学

1972 年日本鞭岩及森山昭合著的《冶金反应工程学》问世，这是最早的关于冶金反应工程学的专著。英美及欧洲大陆，迄今尚未引用冶金反应工程学这一名词，原因是冶金反应工程学作为一学科尚很不成熟，尚难说已达到成立学科的阶段。同时国内外都存在一种倾向，把冶金过程动力学的内容和冶金反应工程学的内容等同起来，造成一定程度的混淆。

冶金反应工程学来源于化学反应工程学，所以我们先介绍化学反应工程学的内容。

7.1 化学反应工程学

本学科定名于 1957 年在荷兰召开的第一次欧洲化学反应工程会议。载在各专门书籍中该学科的定义例举于后：

——以化学反应器的成功设计及操作作为目的的工业规模的化学反应的应用研究的工程学科（Levenspiel O. Chemical Reaction Engineering, 1st Ed, 1962; 2nd Ed 1972）；

——关于各种类型反应器的设计及最优化的学科（Roberts F, Taylor R F, Jenkins T R. High Temperature Chemical Reaction Engineering, 1971）；

——确定生产化学产品的反应器的形状、尺寸，并对现有各种反应器的操作进行评价的学科（Cooper A R，Jeffreys G V. Chemical Kinetics and Reactor Design，1973）；

——将反应器内部发生的化学反应速度和热量、质量及动量等物理变化的速度分别按反应速度及传输现象理论进行分析的工程学科，其重要课题则为设计反应器，分析其特性，确定反应条件和控制反应过程（鞭岩，森山昭. 冶金反应工程学，原版1972，蔡志鹏，谢裕生译，1981）。

看来，化学反应工程学包括的内容为：

（1）分析研究化学反应动力学；

（2）设计反应器；

（3）求出最优化操作条件；

（4）寻求自动化控制的措施。

化学反应工程学的研究方法主要分下列步骤：

（1）化学动力学方程式的建立。对均相反应通过实验室或小型装置的实验研究求出反应速度与浓度（对溶液则采用活度）的关系式，即所谓的内部反应速度式（intrinsic rate of reaction）。对多相反应，结合传质、传热和动量传递现象进行分析，作出必要的假定，求出反应的综合速度或总速度式（global or overall rate of reaction）。速度方程式现通称为动力学方程式。为便于计算，动力学方程式中经常以转化率代替产物的浓度。

（2）反应器的过程分析及数学模型的建立。根据反应器内物料流动、混合、停留时间及分布状况等以及传热、传质及动量传递等理论，利用物料衡算、热量衡算及动量衡算，在一系列近似的假定下，对反应器内所发生的过程进行数学的描述，即列出一组或几组代数方程、微分方程、偏微分方程或差分方程。这些方程统称为数学模型。

（3）对反应器进行模拟的数学实验。按照数学模型在电子计算机上进行数值计算，或改变各种参数对反应器（或实验装置）作模拟的"数学实验"（也简称模拟实验）。用计算结果与中小型实验在相同条件下测得的结果进行核对，以验证建立的数学模型是否正确。如果不符，则需要重新调整数学模型或某些原始数据，重新计算。直至理论模型与实验结果相符合为止。通过此数学模拟，可决定出反应器的尺寸及几何形状，并求出产物能达到的转化率。

（4）最优化操作条件的研究。在给定的原料、产品规格、设计决定的反应器尺寸及工艺条件等所谓限制性条件下，考虑到经济效益、安全生产、环境保护及劳动舒适等因素对工艺操作进行综合分析，运用数学上最优化方法求出最优化的操作条件。

（5）反应器的动态分析及自动控制。对反应器及整个过程当受到外界条件波动或干扰时，对进行的稳定性及操作控制的灵敏性研究，寻求高效率优化效果的调节控制方法，进行正常的检测和调节，做到自动控制。

进行上列研究需要大量参数的数据：例如，物质的密度、热容、自由能、平衡常数、焓、反应速率常数、黏度系数、传质系数、扩散系数、热导率、传热系数等。有些数据可查自文献，有些则需自行测定，如某些反应的速度常数及反应级数、给定条件下的传质系数、多孔物质的迷宫度等。

对绝大多数的化学反应过程，通常只进行物料衡算及热量衡算，动量衡算则采用的很少。物质流动的影响只反映在一系列参数上，如扩散系数、传质系数、传热系数、物料的分布及停留时间等。不可逆过程热力学的"熵平衡"❶则在化学反应工程学上尚未见采用。

在计算机未被广泛应用之前，中间试验工厂的研究被誉为工业化生产的摇篮。当时一个工业产品的制备过程在工业化生产之前，必须经过一段中间试验厂的试验研究，找出必要的工艺参数，进行逐步放大，最后达到工业化生产。但有了计算机之后，运用数学模拟实验，可以不经过中间试验厂的过程开发及工程放大，即可直接找到设计反应器及车间装置的资料，直接建厂进行生产。这在某些有明确现象规律的设备，例如固定床反应器、搅拌釜等，已有成功的实例记载在文献中。

同一化学反应工程学的内容的专门书籍采用不同的命名，例如：

——Levenspiel. Chemical Reaction Engineering. 1962, 1972；

——Smith. Chemical Engineering Kinetics. 1956, 1970, 1981；

——Hill. Chemical Engineering Kinetics and Recator De-

---

❶ 20 世纪末以来，应用熵平衡方法研究冶金生产过程，形成冶金流程工程学，且在继续发展中。——编委会

sign. 1977；

——Cooper & Jeffreys. Chemical Kinetics and Reactor Design. 1973。

总的来讲，化学反应工程学的特点是：

（1）以化学反应动力学为基础；

（2）利用计算机进行数学模拟实验，最后做到反应器的工程设计及操作的自动控制。

7.2　冶金反应工程学

将化学反应工程学的研究方法应用于冶金即形成冶金反应工程学。但作为一个学科，冶金反应工程学尚很不成熟。冶金过程动力学无疑是冶金反应工程学的基础，但不能简单地将冶金过程动力学与冶金反应工程学等同起来。

从上面化学反应工程学的五个研究步骤来看，第一步，动力学方程式的建立属于冶金过程动力学的范畴，在这方面已做过不少工作。但第二到第五步，如果全面地加诸冶金反应过程，便很难达到化学反应工程学能达到的要求。当然对某些湿法冶金过程例如浸取，或某些火法冶金过程例如焙烧，可以利用化学反应工程学的方法对浸取釜或焙烧炉进行工程设计的研究；但对绝大多数火法冶金过程，如高炉炼铁、转炉或电炉炼钢等，全盘采用化学反应工程学的数学模拟方法对冶金炉进行设计或进行过程分析，则为时尚早。此乃因：

（1）冶金过程采用原料和化工采用的原料相比既成分复杂，又多种多样。化工合成制备采用的原料基本上是单一的、较纯的化学物品。

（2）冶金产品绝大部分是不纯的物质。钢铁、有色金属锭都含有杂质。在金属凝固过程中经常伴有化学反应发生，如 CO_2、SO_2 气泡及非金属夹杂物的生成，又有晶体偏析、杂质偏析、相变过程等。这些都影响过程分析，使其复杂化。

（3）炉型设计基本上依靠经验数据。欲扩大高炉产量，主要扩大其炉身各部分的直径，其高度受到焦炭强度的限制而不能任意加高。高炉炉身各部分尺寸都按经验数据设计。对高炉只能做局部的炉料衡算、局部炉身的热量衡算和上升气体的局部动量衡算。对转炉炉型，如高度与直径之比，基本上按经验数字放大决定，水力模型难以模拟高温的生产操作。

（4）高温测试手段颇不完善，可得信息既不稳定，又欠准确，对复杂的多相反应难以进行准确的数学模拟；全面操作的自动控制尚难做到。

纵然如此，冶金反应工程学在逐步开发发展中，特别作为它的基础的冶金过程动力学的研究，近二十余年非常活跃，研究成果也较显著。喷射冶金开始采用动量衡算以分析射入气流或颗粒的运动规律。以 J. Szekely 为首的学派大量研究不同流动场中流动速度、浓度及温度的分布规律。局部自动控制在不同冶金过程和阶段已在工业生产中应用，例如高炉布料、转炉终点控制、连铸钢流流速及温度的自动控制等。这些对提高产品质量、节约能耗、降低产品成本均收到较为显著的成效。

作为一门工程学,研究发展冶金反应工程学必须考虑到工程学的意义。工程是利用先进技术、改造自然、造福人民大众的事业,例如水利工程、铁道工程、市政工程等等。另外,工程又是开发运用先进技术以取得最高经济效益的企业。而工程学则是研究这些工程事业及企业的系统的科学。冶金过程动力学和冶金反应工程学不同,是一门带有理科性质的应用基础科学,它可以从理论上研究某些不涉及反应器实际的过程动力学规律。但冶金反应工程学则属于工科范畴的工程科学,它必须联系实际,联系生产,注重经济效益,所以进行冶金反应工程学的研究必须具有生产观点及经济观点,必须结合反应器(冶金炉)研究其中发生的过程,提出数学模型进行数学实验。为此,我们必须熟悉冶金生产过程,进行合理的分析,准确地用数学语言对冶金过程加以描述,求出答案,然后在生产实践或大型试验中加以验证,反复修改模型以探明冶金过程的规律性,从而提出改进生产操作的措施,逐步做到最优化的自动控制。无目的的、空想不联系实际而又难以验证的数学模型是劳而无功的。

此外,国内又有人引用"冶金反应动力学"的名词。该名词远不如"冶金过程动力学"更为全面。因后者既包括冶金的物理过程动力学(如凝固过程动力学、相变过程动力学等),又包括冶金的化学过程即冶金反应的动力学。

作者致谢

2012 年底，"老科学家学术成长资料采集工程"项目中"魏寿昆小组"的一些成员表达了想出版我一些著作的意愿，我尊重并同意他们的建议，因为这有利于学术交流和科学知识的传播，是一项有意义的工作。

本书是 1984 年我应九三学社贵州省委员会、贵州科学院、贵州省金属学会和时任贵州省副省长的徐采栋院士之邀前往贵阳市进行讲学活动的一个讲课详细提纲，当时用了近 30 学时讲完全部内容。

首先感谢倡议和组织出版的负责人姜曦博士，她做了大量的策划、立项、组织和协调工作，使出版工作能够得以顺利进行；

感谢以徐匡迪为名誉理事长、罗维东为理事长的北京科技大学教育发展基金会，由它下属的"魏寿昆科技教育基金"出资资助本书出版；

感谢徐匡迪院士、殷瑞钰院士在百忙之中为本书作序；

感谢曲英教授做了大量的编审工作，没有他的认真、负责、细致的创造性工作，本书是不可能出版的；

感谢林勤教授对本书做的很多重要审核工作；

感谢张建良教授作为出版本书项目负责人对全盘工作卓

有成效的领导；

感谢北京科技大学的多位研究生：王广伟、韩宏亮、吴世磊、刘芳、戎妍、李倩、李克江、洪军、柴轶凡、刘兴乐、耿巍巍、宋腾飞、张亚鹏等，他们做了大量计算机录入、排版等烦琐的电子文本工作。

本书的一些观点及对问题的理解是否妥当，殷切希望读者提出宝贵的意见。

魏寿昆口述（魏文宁记录并整理）

2014 年 4 月于北京

后　记

　　魏寿昆《冶金过程物理化学导论》是 1984 年魏寿昆院士赴贵州讲学编写的讲稿。该讲义内容精炼、观点精要，通过实例完整论述了冶金热力学的原理和计算方法。热力学理论和方法，现在仍然是冶金学科的重要理论基础，学习和掌握热力学计算方法，特别是针对冶金过程中多组元反应共同进行的平衡条件计算，对于分析和控制冶金反应有目的地选择进行至为重要。魏寿昆院士所著的《冶金过程热力学》，已作为《中国科学技术经典文库》丛书之一再版，本书正好作为学习冶金过程热力学的工具读物，供冶金工程专业的学生和技术人员参考，也可直接作为教学研修材料使用。

　　本书为《魏寿昆院士科技著作选编》之一，由北京科技大学教育发展基金会、魏寿昆科技教育基金全额资助出版。北京科技大学教育发展基金会名誉理事长徐匡迪院士的支持和鼓励，是本书得以出版的最大动力。感谢张寿荣院士、殷瑞钰院士，对老师魏寿昆院士系列科技文献著作整理出版所给予的热忱关心。

　　感谢北京科技大学校领导罗维东书记、徐金梧校长、张欣欣校长、王维才副校长，对《魏寿昆院士科技著作选编》出版的重视和指导。感谢北京科技大学教育发展基金会于成文、吕朝伟老师对出版工作的高效协调组织；办公室陈晔明老师细致入微的管理工作。感谢北京科技大学冶金与生态工程学院张立峰院长、宋波书记、张百年副院长、耿小红原副院长，对魏寿昆院士有关工作的长期支持。

本书主编曲英先生专业和专注的编纂，是本书得以出版和问世的关键。本书前后十稿历经一年多的编纂过程中，曲英先生对全书所有的数据、公式和图表进行了重新计算、推导，并亲自给学生讲授，坚持要求参与编纂本书的同学要先系统学习冶金名词和单位换算，再开展图表编制和公式验算。曲先生严谨的治学态度和对老师魏寿昆先生深厚的北洋师生情谊，令后学感动不已。

本书副主编林勤教授，对书稿进行了全程修订和单位核准等校改工作。

本书由北京科技大学冶金与生态工程学院副院长张建良教授学术团队完成具体工作。张建良教授学术团队师生，进行了繁重的全部公式录入、重新制图及琐碎的文字处理、数据计算等工作。参与的同学有：戎妍、李倩、李克江、洪军、柴轶凡、刘兴乐、耿巍巍、宋腾飞、张亚鹏等，谢谢他们付出的辛苦努力和投入的大量宝贵时间。王广伟博士、韩宏亮博士全程跟随曲英先生校改、汇总编纂了逐版稿件；刘芳博士、吴世磊进行了最初整理。冶金工业出版社任静波总编和有关编辑，对魏寿昆院士文献资料出版，给予了鼎力支持和全程指导。

本书原稿为油印稿，为达到出版要求，进行了重新加工、单位换算和文字整理，本讲稿所用的计量单位是 CGS 制，是法定计量单位尚未推广应用时所撰写。CGS 制和 SI 制单位间大多是十进位数关系，利用词头可以直接转换，只有热单位用 cal，转换为 J 时会引起误差，所以出版时仍然使用原来的单位进行运算，只把最终计算结果换算为 J 一并列出于 cal 的后面，以避免误差传递造成的混乱；而且国际上冶金热力学的原始数据大都是用 cal 作为能量单位，现在实行法定计量单位制，了解历史上所用的不同单位，也是很有必要的，本书也希冀一定程度再现当时冶金过程物理化学导论的教学情况和学科发展的历史面貌。

　　魏寿昆院士是中国冶金学界的奠基人之一。先生为人品格高尚，广为学界推崇；为师见解精辟，学术影响深远。先生 107 岁高龄仙逝，特志数句，敬表全体学界敬仰尊重。全书力图保留作者原意，不予以刻意修饰，但是难免存在记录误植与疏误，尚待读者辨析，还请学界指正。最后，冀望以魏先生对中国钢铁工业和冶金教育奉献和热爱之精神，与钢铁学人共勉之。

编纂组　姜曦

2014 年 12 月 5 日